合肥工业大学图书出版专项基金资助项目

U0161368

测绘程序设计

主　编　陶庭叶

参　编　耿　君　　李振轩　　屈小川

　　　　李水平　　朱勇超　　廖振修

　　　　林　鹏

合肥工业大学出版社

图书在版编目(CIP)数据

测绘程序设计/陶庭叶主编 . —合肥:合肥工业大学出版社,2023.5
ISBN 978 - 7 - 5650 - 5584 - 3

Ⅰ.①测…　Ⅱ.①陶…　Ⅲ.①计算机应用—测绘—程序设计　Ⅳ.①P25 - 39

中国国家版本馆 CIP 数据核字(2023)第 078373 号

测绘程序设计

陶庭叶　主编　　　　　　　　　　　责任编辑　郭　　敬

出　版	合肥工业大学出版社		版　次	2023 年 5 月第 1 版	
地　址	合肥市屯溪路 193 号		印　次	2023 年 5 月第 1 次印刷	
邮　编	230009		开　本	710 毫米×1010 毫米　1/16	
电　话	理工图书出版中心:0551 - 62903004		印　张	12.25	
	营销与储运管理中心:0551 - 62903198		字　数	213 千字	
网　址	press. hfut. edu. cn		印　刷	安徽联众印刷有限公司	
E-mail	hfutpress@163. com		发　行	全国新华书店	

ISBN 978 - 7 - 5650 - 5584 - 3　　　　　　　　　　　　　　定价：38.00 元
如果有影响阅读的印装质量问题,请与出版社营销与储运管理中心联系调换。

前　　言

　　随着卫星导航定位、遥感等新技术不断发展并且被广泛应用于测绘专业，测绘数据呈现出新的特征。相比于传统的测绘数据，当前测绘数据的特点是数据量不断增加，数据类型不断丰富并呈现出多样化的趋势，数据处理自动化、实时性要求不断提高等。测绘数据处理必须借助于计算机才能完成，也就要求测绘工程专业的学生具备编写程序处理数据的能力。《工程教育认证标准》（T/CEEAA 001—2022）5.14.2部分明确指出：测绘地理信息类核心专业课程应有工程案例分析和适当规模的程序设计作业。全国大学生测绘学科创新创业智能大赛中也设有程序设计竞赛。目前，国内大部分高校测绘工程专业均开设了"测绘程序设计"或类似课程，并配套了相关的程序设计实践环节，但相关的教材种类相对较少。有些程序设计语言入门较难，新手很难快速入门并编写专业课数据处理程序。

　　MATLAB是一个集数值计算、符号分析、图像显示、文字处理于一体的大型集成化软件，自1984年问世以来，历经时间的检验，已经成为广大科技工作者常用的程序设计软件之一。MATLAB功能强大，函数齐全，编程效率高，易学，易懂，对于新手非常友好，容易上手。鉴于此，本书选择MATLAB作为开发环境，目的是方便学生入门。

　　本书包括两个部分：第一部分介绍MATLAB开发环境，主要包括MATLAB语言概述和基本语法；第二部分结合测绘工程专业课内容，利用 MATLAB 编写相关程序处理数据，其内容涉及水准测量、导线测量、GNSS 数据处理、遥感数据处理等。

本书由合肥工业大学陶庭叶主编，合肥工业大学耿君、李振轩、屈小川、李水平、朱勇超，安徽建筑大学廖振修、林鹏参编。

本书在编写过程中，参考了大量的资料文献、网络资源，有些可能没有一一列出，在此一并表示感谢。

感谢合肥工业大学图书出版专项基金的资助。合肥工业大学出版社为本书的出版提供了大力支持，责任编辑郭敬老师为本书的出版付出了大量的辛勤劳动，在此一并表示感谢！

由于作者水平有限，书中难免存在不足之处，恳请读者指正。

编　者

2022 年 11 月

目　　录

第一篇

MATLAB 开发环境

第 1 章　MATLAB 语言概述

1.1　MATLAB 简介

MATLAB 是由美国 MathWorks 公司推出的用于数值计算和图形处理的科学计算软件。MATLAB 是英文 MATrix LABoratory（矩阵实验室）的缩写。新的版本集中了日常数学处理中的各种功能，包括高效的数值计算、矩阵运算、信号处理和图形生成等功能。在 MATLAB 环境下，用户可以进行程序设计、数值计算、图形绘制、输入输出、文件管理等各项操作。

MATLAB 是一个功能十分强大的系统，是集数值计算、图形管理、程序开发为一体的环境。除此之外，MATLAB 还具有很强的功能扩展能力，与它的主系统一起，可以配备各种各样的工具箱，以完成一些特定的任务。目前，MathWorks 公司推出了 18 种工具箱。用户还可以根据自己的工作任务，开发自己的工具箱。

1.2　MATLAB 的主要特点

MATLAB 的主要特点包括以下几个方面：

（1）语言简洁紧凑，使用方便灵活，库函数极其丰富。MATLAB 程序书写形式自由，利用其丰富的库函数避开了繁杂的子程序编程任务，压缩了一切不必要的编程工作。由于库函数都由本领域的专家编写，用户不必担心函数的可靠性。可以说，用 MATLAB 进行科学程序开发站在了专家的肩膀上。

（2）运算符丰富。由于 MATLAB 是用 C 语言编写的，MATLAB 提供了和 C 语言几乎一样多的运算符，灵活使用 MATLAB 的运算符将使程序变得极为简短。

（3）MATLAB 既具有结构化的控制语句（如 for 循环、while 循环、break 语句和 if 语句），又有面向对象编程的特性。

（4）语法限制不严格，程序设计自由度大。

（5）程序的可移植性很好。

（6）MATLAB 的图形功能强大。在 FORTRAN 和 C 语言里，绘图难度很大，但在 MATLAB 里，数据的可视化非常简单。MATLAB 还具有较强的编辑图形界面的能力。

（7）和其他高级程序相比，MATLAB 的缺点是程序的执行速度较慢。由于 MATLAB 的程序不用编译等预处理，也不生成可执行文件，程序为解释执行，因此速度较慢。

（8）工具箱的功能强劲是 MATLAB 的重大特色。MATLAB 包含两个部分：核心部分和各种可选的工具箱。核心部分中有数百个核心内部函数。其工具箱又可分为两类：功能性工具箱和学科性工具箱。功能性工具箱主要用来扩充其符号计算功能、图示建模仿真功能、文字处理功能以及与硬件实时交互功能。功能性工具箱能用于多个学科。而学科性工具箱的专业性比较强，学科性工具箱有 Control System Toolbox（控制系统工具箱）、Signal Processing Toolbox（信号处理工具箱）、Communication Toolbox（通信工具箱）等。这些工具箱都是由该领域内的学术水平很高的专家编写的，所以用户无须编写自己学科范围内的基础程序，可以直接调用工具箱中的工具以辅助高、精、尖的研究。

1.3 MATLAB 环境

MATLAB 既是一种语言，又是一种编程环境。作为一种编程环境，MATLAB 提供了很多方便用户管理变量、输入（输出）数据以及生成和管理 M 文件的工具。下面将分别介绍 MATLAB 的工作空间、窗口。

1.3.1 MATLAB 的工作空间

在 MATLAB 中，工作空间（Workplace）是一个重要的概念。工作空间指由运行 MATLAB 的程序或命令所生成的所有变量和 MATLAB 提供的常量所构成的空间。工作空间是一个比较抽象的概念。每打开一次 MATLAB，MATLAB 就会自动建立一个工作空间，工作空间在 MATLAB 运行期间一直存在，关闭 MATLAB 后工作空间自动消失。运行 MATLAB 的程序时，程序中的变量被加入工作空间。除非用特殊的命令删除某变量，否则该变量在关闭 MATLAB 之前一直存在。由此可见，在一个程序中的运算结果以变量的形式保存在工作空间中，又可被别的程序继续利用。我们可以随时查看工作空间中的变量名及变量的值。某个时刻的工作空间中的所有变量可以被保存到一个文件中。这样，当关闭 MATLAB 时，所有变量的值仍然存在，当下次启动 MATLAB 时，又可用相关的命令把保存的工作空间的所有变量调入当前工作空间中。

1.3.2　MATLAB 的窗口

1. 命令窗口

在 MATLAB 的输入命令和输出结果的窗口中输入命令会立即执行并输出结果。可用键盘上的"Page Up"键将以前执行的命令调出。

MATLAB 的通用命令见表 1-1～表 1-5 所列。

1) 管理命令和函数

表 1-1　管理命令和函数

命　令	描　　述	命　令	描　　述
help	在线帮助	lookfor	通过关键字查找帮助
ver	版本号	path	控制 MATLAB 的搜索路径
addpath	将目录添加到搜索路径	rmpath	从搜索路径中删除目录
whatsnew	显示 README 文件	what	M 文件、MAT 文件和 MEX 文件的目录列表
which	函数和文件定位	type	列出文件
doc	装入超文本说明	lasterr	上一个出错信息
error	显示出错信息	profile	测量并显示出 M 文件执行的效率

2) 管理变量和工作空间

表 1-2　管理变量和工作空间

命　令	描　　述	命　令	描　　述
who，whos	列出内存中的变量目录	length	求向量长度
disp	显示文本和阵列	size	求阵列的维大小
clear	从内存中清除项目	save	将工作空间变量保存到磁盘
mlock	防止文件被删除	load	从磁盘中恢复变量
munlock	允许删除 M 文件	pack	释放工作空间内存

3）控制命令窗口

表 1-3　控制命令窗口

命　令	描　述
echo	执行过程中回显 M 文件
format	控制输出显示格式
more	控制命令窗口的分页显示

4）使用文件和工作环境

表 1-4　使用文件和工作环境

命　令	描　述	命　令	描　述
diary	在磁盘文件中保存任务	inmem	内存中的函数
dir	目录列表	matlabroot	MATLAB 安装根目录
cd	改变工作目录	fullfile	从部分中构造文件全名
mkdir	建立目录	fileparts	文件名部分
copyfile	复制文件	tempdir	返回系统临时工作目录名
delete	删除文件和图形对象	tempname	临时文件的唯一文件名
edit	编辑 M 文件	！	调用 DOS 命令

5）启动和退出 MATLAB

表 1-5　启动和退出 MATLAB

命　令	描　述
matlabrc	启动 MATLAB 的 M 文件
startup	启动 MATLAB 的 M 文件
quit	终止 MATLAB

2. MATLAB 的图形窗口

在 MATLAB 环境中调用任意一个绘图函数绘图时，MATLAB 都会自动生成一个如图 1-1 所示的图形输出窗口（Figure Window），并在其中绘出图形。在缺省情况下，图形窗口的标题栏标题为 "Figure NO：号码"，其中 "号码" 为图形窗口的序号，也称为图形窗口的句柄值。标题栏下面是图形窗口的主菜单栏，通常情况下，MATLAB 图形窗口的主菜单有 File、Edit、Windows 和 Help。

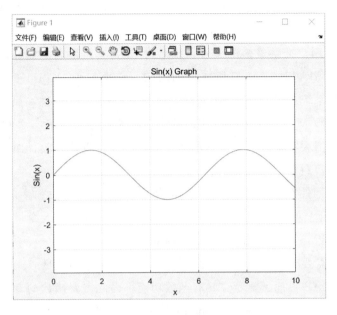

图 1-1　图形输出窗口

在同一个图形窗口中，可以绘制多个图形，也可以生成多个图形窗口，并可以选择其中的一个图形窗口，在其中绘制图形。生成图形窗口的方法比较多，在没有图形窗口存在时，每个绘图函数都能自动生成一个图形窗口，也可以用 figure 命令生成一个新的图形窗口，还可以用命令窗口 File 菜单中的 New 子菜单中的 figure 项来打开一个新的图形窗口。

1.4　MATLAB 的 M 文件

根据功能可将 MATLAB 系统所使用的外部文件分成 M 文件、MAT 文件、MEX 文件，并用不同的扩展名作为其标识。M 文件是 ASCⅡ 码文本文件；MAT 文件是 MATLAB 系统的二进制数据文件，用于保存 MATLAB 系统所使用的数据，MATLAB 除了可以读写 ASCⅡ 码形式的数据文件外，也定义了它自己的数据存储格式，这就是 MAT 文件；MEX 文件是经过 MATLAB 编译系统编译的函数二进制文件，可以被直接调入 MATLAB 系统中运行。由于 MATLAB 是以边解释边运行的方式工作的，因此 M 文件的执行速度要比 MEX

文件慢得多。因此，用户通常把已经调试好、比较大的 M 文件编译成 MEX 文件，供以后使用。

M 文件是用户接触最多的文件，以字母 m 为其扩展名。例如，在 tartul. m 文件中只有由 MATLAB 语言所支持的语句，它类似于 DOS 下的批处理文件。在 MATLAB 系统中，有两类 M 文件：一类称为程序 M 文件，简称为 M 文件；另一类称为函数 M 文件，或简称为函数文件，统称为 M 文件。一般来说，M 文件用于把很多需要在命令窗口输入的命令放在一起，以便修改；而函数文件用于把重复的程序段封装起来。

两类 M 文件的区别：M 文件由命令描述行写成之后存储，即可在 MATLAB 平台上单独调用执行；而函数文件需要相应地输入变量参数、输出变量参数方可执行，如 sin (x)，需要变量 x 作为输入参数，$[y, x, t]$ = step (num，den) 需要变量 num、den 作为输入参数，并返回变量 y、x、t 到内存中或者在 MATLAB 界面上显示，具有函数功能。因此需要函数的专用格式，函数文件的第一行必须有以关键字"function"开始的函数说明语句。

两类 M 文件的共同特征：在 MATLAB 命令窗口中的命令提示符下键入文件名，来执行 M 文件中的所有语句规定的计算任务或完成一定的功能；可以用任何文本编辑器进行编辑。MATLAB 是一个开放的编辑系统，实际上 MATLAB 的绝大部分函数是一个 M 文件。当完成一个功能需要许多 MATLAB 命令时，用户也可以通过选择菜单栏的"File"项中的"New"打开 MATLAB 的程序编辑器来编写自己的 M 文件，从而形成新的工具箱；用户还可以通过选择菜单栏的"File"项中的"Open"打开并修改用户已编辑的或 MATLAB 系统中的 M 文件。用"File"项中的"New"或"Open"打开 MATLAB 的程序编辑器，程序编辑器界面如图 1 - 2 所示。

图 1 - 2　程序编辑器界面

1.4.1　M 文件

由于 M 文件没有输入参数和输出参数，只有一些命令行的组合，所以 M 文件比 M 函数文件简单。对于 M 文件，可对工作空间中的变量进行操作，也可生成新的变量。即使 M 文件运行结束，M 文件产生的变量仍被保留在工作空间中，直到关闭 MATLAB 或用相关的命令删除。

下面是一个 M 文件的例子，在新建立的程序编辑器中输入下列命令行，

```
th = - pi: 0.01: pi;
rho = 5 * cos (3.5 * th) .^3;
polar (th, rho);
```

并以文件名"flower. m"保存。在 MATLAB 的命令窗口中键入"flower"，将会执行该文件，画出图 1-3 所示的花瓣图案。

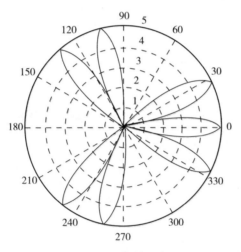

图 1-3　花瓣图案

调用该命令文件时，不需要输入参数，文件自身会建立需要的变量。当文件执行完毕后，用命令"whos"可以查看工作空间中的变量。可见变量 th 和 rho 仍然被保存在工作空间中。

1.4.2　M 函数文件

和 M 文件相比，M 函数文件（简称函数文件）的建立要稍微复杂一些，需要函数文件的专用格式，函数文件的第一行必须有以关键字"Function"开始的

函数说明语句。下面是一个只有两行的函数文件的例子：

```
Function   c = myfile (a, b)
c = sqrt ( (a.^2) + (b.^2));
```

一旦函数文件建立，在 MATLAB 的命令窗口或在别的文件里面，就可以用下列命令调用。

```
>>a = 4;
>>b = 3;
>>c = myfile (a, b);
```

结果为

```
c =
  5.0000
```

下面是一个典型的 MATLAB 的函数文件结构。

```
Function   out = ctrltbu1 (x)

% CTRLTBU1 controller for the truck backer - uppern when distance is far.
% Copyright @ 1994 - 96 by The MathWorks, Inc.

distance = norm (x (1: 2));
alpha = acos (x (1) /distance) - pi/2;      % abs (alpha) < = pi/2
tmp = x (3) - pi/2 - alpha;
```

该函数文件包含以下五个部分。

（1）函数定义行：文件的第一行为函数定义行，该行定义函数名、输入参数和输出参数的个数。

（2）H1 行：H1 行的字面意思为帮助信息的第一行，在上述文件中为第二行。当用命令"lookfor"查询该函数的帮助信息时，将显示该行内容。

（3）帮助体：文件中两空行之间的部分（以"％"开始的行）。当对该函数使用"help"命令查询帮助信息时，将显示帮助体这部分内容。这部分是函数的说明部分，通常包含了函数的功能、函数的使用方法、函数的输入参数和输出参数、函数的作者、函数的修改记录等内容。

（4）函数体：函数文件中除函数定义行、H1 行和帮助体之外的文本。这些命令执行计算、赋值等实质性的运算。

（5）注释部分：在函数体中以符号"％"开始直到该行结束的部分表示对程序的注释。如上面文件中倒数第二行的后一部分为注释语句。

在函数定义行"Function out＝ctrltbul（x）"中，"Function"为函数文件的关键字，表明该文件为函数文件；"out"为输出参数；"ctrltbul"为函数名（文件名应与函数名相同，即"ctrltbul. m"）；x 为输入变量。MATLAB 的所有函数文件都遵从这种定义格式。当函数的输出参数不止一个时，用中括号"［］"把输出参数括起来，参数之间用逗号分开。如果有输入变量，用小括号括起来，当个数不止一个时，用逗号分开。如 Function ［x, y, z］＝sphere（theta, phi, rho）是一个多输出参数、多输入参数的例子。当函数无输出参数时，输出参数项空缺（等号也省略）或者用空的中括号表示。

1.5　MATLAB 帮助系统

1.5.1　帮助命令

帮助命令"help"是查询函数语法的最基本方法，查询信息直接显示在命令窗口。例如，命令"help max"将显示如下信息：

```
MAX     Largest component.
    For vectors, MAX (X) is the largest element in X. For matrices,
    MAX (X) is a row vector containing the maximum element from each
    column. For N - D arrays, MAX (X) operates along the first
    non - singleton dimension.

    [Y, I] = MAX (X) returns the indices of the maximum values in vector I.
    If the values along the first non - singleton dimension contain more
    than one maximal element, the index of the first one is returned.

    MAX (X, Y) returns an array the same size as X and Y with the
```

largest elements taken from X or Y. Either one can be a scalar.

[Y, I] = MAX (X, [], DIM) operates along the dimension DIM.

When complex, the magnitude MAX (ABS (X)) is used. NaN's are
ignored when computing the maximum.

Example: If X = [2 8 4; 7 3 9];　then max (X, [], 1) is [7 8 9],
　max (X, [], 2) is [8, 9],
　max (x, 5) is [5 8 5; 7 5 9]
See also MIN, MEDIAN, MEAN, SORT.

从以上的帮助信息里，我们可以了解到"max"是求 Largest（最大值）函数，并给出了应用举例和同类函数"min"等。值得一提的是，MATLAB 命令窗口里显示的帮助信息用大写字母来突出函数名，但在使用函数时，应用小写字母。按照函数的不同用途，MATLAB 分别被存在不同的子目录下，用相应的帮助命令可显示某一类的所有函数。例如，所有的线性代数函数均收在 matfun 子目录下，用"help matfun"可显示所有线性代数函数命令。

Matrix functions – numerical linear algebra.
　Matrix analysis.
　　norm　　　　– Matrix or vector norm.
　　normest　　　– Estimate the matrix 2 – norm.
　　rank　　　　– Matrix rank.
　　det　　　　– Determinant.
　　trace　　　　– Sum of diagonal elements.
　　null　　　　– Null space.
　　orth　　　　– Orthogonalization.

1.5.2　帮助窗口

帮助窗口给出的帮助信息和帮助命令给出的信息内容一样，但在帮助窗口上更容易浏览与之相关的其他函数。在 MATLAB 命令窗口中有 3 种方法进入帮助窗口：

（1）双击工具栏上的问号按钮；

（2）键入"helpwin"命令；

（3）选取帮助菜单里的"Help Window"项。

帮助窗口如图 1-4 所示。

图 1-4　帮助窗口

在 MATLAB 的帮助窗口上，只要单击相关的内容逐级查找就可以找到相应的帮助信息。帮助窗口上特别有用的是 Search（搜索）功能。用户在"Search"按钮左边的输入框里键入需要获得帮助的关键字，即可得到及时的帮助。

1.5.3　在线帮助页

帮助页的所有文件均有相应的 PDF 格式文件，用 Adobe Acrobat Reader（一种软件）可以阅读，称为在线帮助页。在在线帮助页翻页和查找都相当方便。用户选中帮助台上关于 PDF 格式文件的选项，或在命令窗口中键入命令"doc"，便会自动打开 Adobe Acrobat Reader。在命令"doc"后可加上关键字，MATLAB 会自动定位到相关的页码。在线帮助页包括所有的字体、图形和图像，打印在线帮助页可以得到精美的帮助文档。

联网用户还可以通过帮助台很方便地访问 MathWorks 公司的主页，向 MathWorks 公司询问问题、提出建议或指出错误。

第 2 章　MATLAB 基本语法

2.1　变量与赋值

MATLAB 的基本操作是进行矩阵运算，并且支持复数，同时也支持字符。也就是说，MATLAB 的基本变量为复数矩阵和字符矩阵。一维的矩阵就是向量（亦可称为数组），向量又有行向量和列向量之分；通常所说的字符串在 MATLAB 中就是字符行向量。1×1 的矩阵为标量，也就是一个数（实数或复数），而 1×1 的字符矩阵则是一个字符。

变量的名称必须以字母开头，其后可以是任意的字符，变量名的长度不能超过 19 个字符。对变量不需要进行声明，每个变量的类型会根据该变量所赋的值来定。变量的名称应该尽可能采用与实际问题相同或相近的名称，变量名称的意义应该明确，这样便于对程序的阅读和理解，同时注意避免使用 MATLAB 中规定的特殊变量名。

MATAB 语言最基本的赋值语句结构为

>>变量名 = 表达式

或者

>>表达式

在前一种语句形式下，MATLAB 将运算结果赋给"变量名"；而在第二种语句形式下，将运算结果赋给 MATLAB 永久变量"ans"，每条语句以回车符结束。例如：

>>y1 = sin (pi * t);
>>roots (a)

以下几点需要说明。

（1）等号右边的表达式可以由分号结束，也可以由逗号或换行号结束，但它们的含义是不同的。如果用分号结束，那么左边的变量结果将不在屏幕上显示出来；如果用逗号或换行号结束，那么将把左边的返回值内容全部显示出来。

（2）和 C 语言类似，MATLAB 是区分变量名的大写、小写的。

（3）MATLAB 和 C 语言不同，在调用函数时，MATLAB 允许一次返回多个结果，这时等号左边必须含用"[　]"括起来的矩阵列表，例如：

```
>> [m, p] = bode (num, den, w)
```

（4）由上例可看出，调用 MATLAB 函数时输入变量和输出变量分别在等号的两端列出，这种记号很容易理解。此外，在调用上述函数时还可以采用下面的格式

```
>> [m, p] = bode (a, b, c, d, w)
```

其中，a，b，c，d 为系统的状态方程参数。MATLAB 会自动地从输入参数的个数上判定给出的是传递函数还是状态方程模型，从而进行正确的计算。可见，MATLAB 及各个工具箱为用户提供了极大的便利。

其实 MATLAB 的输入格式并不是很严格。在程序输入时，一行可以写任意多条语句。当一个表达式太长，一行写不完时，可以在前一行末尾加上三连点"…"（称为续行符号），它表示下面的一行应该紧接在前一行后面。例如：

```
>>y = sin (t); s = 1 - 1/2 + 1/3 - 1/4 + 1/5…
- 1/6 + 1/7 - 1/8 + 1/9;
```

前一条语句求正弦函数并将结果赋给变量 y；后一条语句计算级数的部分和，并将结果赋给变量 s，不显示任何结果。

在 MATLAB 中，冒号"："是很有用的命令符，例如：

```
>>t = 0: 0.1: 10;
```

它产生一个从 0 到 10 的行矢量，而且元素之间的增量为 0.1。如果增量为负值，可以获得一个递减的顺序矢量；如果增量为 1，$t = [0: 10]$。

2.1.1　永久（系统）变量

为了一些特殊情况下的运算，MATLAB 还设置了一些永久变量，见表 2-1 所列。

表 2-1　永久变量

永久变量	描　述
eps	浮点数相对精度变量，表示 1.0 与最近浮点数的距离，eps$=2.2204\times10^{-16}$
pi	圆周率
Inf	正无穷大变量，由零除或者溢出产生
NaN	不确定量，由 0/0 或者 $\infty-\infty$ 产生
i 或 j	虚数单位变量，定义为 i$=\sqrt{-1}$ 或者 j$=\sqrt{-1}$
nargin	m 函数入口参数变量，用于 m 函数程序设计
nargout	m 函数出口参数变量，用于 m 函数程序设计
realmax	最大机器数变量，realmax$=1.7977\times10^{308}$
realmin	最小机器数变量，realmin$=2.2251\times10^{-308}$

关于函数的几点说明：

（1）永久变量不能用 clear 清除，所以称为永久变量；

（2）永久变量不影响 who、whos 命令；

（3）设置了几个机器常数变量，如 pi、i 等；

（4）函数变量 nargin、nargout 在 m 函数程序设计中，是指明入口变量个数和出口变量个数的专用变量；

（5）无穷变量 Inf、非数变量 NaN 可以用于编程等。

2.1.2　复数的表示

MATLAB 提供对复数的操作与管理功能。在 MATLAB 中，复数的虚数单位用 i 或 j 表示。例如，$a=3+4\times$i、$b=3+4\times$j、$z=3+4$i、$z=3+4$j 表示的是同一个复数。

按照 MATLAB 的语法规则，MATLAB 内部函数的名字能够作为变量的名字。当内部函数名作为变量名时，该函数在当前的工作层中不能再被调用，直到该变量被清除为止。如果用内部函数虚数单位 i 和 j 作为变量的名字，并且赋给它们新的值，那么 i 和 j 就不能再作为虚数单位使用。此时，可以用类似于下面的语句生成新的虚数单位：

```
>>ii = sqrt（-1）
```

因此，建议读者将 i 和 j 作为 MATLAB 的保留字。

2.1.3　数据的输入输出格式

MATLAB 通常用十进制数表示常数、小数和负数。与通常的数学表示一样，还可以使用以 10 为幂的常数以及虚数。MATLAB 接受各种合法的数据输入，下面是一些合法的 MATLAB 型数据：

4	-99	0.00001
9.6397238	1.60210E-20	6.02252e23
20	-3.14159i	3e6i

在 MATLAB 内部，每一个数据元素都是用双精度数来表示和存储的。常数的相对精度是 eps，eps 是 MATLAB 的保留字，其值为 $2.220446049250313 \times 10^{-16}$。按照 IEEE 浮点算术标准，大约有 16 位有效数字。MATLAB 能够表达的数值范围是 $10^{-308} \sim 10^{308}$。

除了在语句的后面有分号的情况外，MATLAB 将回显任何赋值语句的运算结果。MATLAB 按照一定的数据输出格式在 MATLAB 命令窗口中显示运算的结果，用户可以通过设置 "Numeric format" 改变数据输出格式。"format" 命令只影响数据输出格式，对 MATLAB 的内部计算和数据存储（MAT 文件）数值精度不产生任何影响。

如果输出矩阵的每个元素都是纯整数，MATLAB 就用不加小数点的纯整数格式显示结果。只要矩阵中有一个元素不是纯整数，MATLAB 就按当前的输出格式显示计算结果。缺省的输出格式是 "short" 格式，显示至 5 位有效数字。

2.1.4　字符串与字符串变量

与 C 语言一样，MATLAB 将字符串当作数组或矩阵处理。在 MATLAB 语言中，字符串用单引号括起来（英文单引号字符用 "'" 表示）。例如：

```
>>s='Use MATLAB'
```

的输出结果是

```
s =
Use MATLAB
```

字符串存储在行向量中，每个元素对应一个字符，其值为字符的 ASCII 码值。于是，字符串变量 s 是 1×10 的矩阵，它包括"Use"与"MATLAB"之间的一个空格字符。一些数学函数也可以应用在字符串变量上。例如，对字符串变量求绝对值 abs（s），其结果是字符串中各字符的 ASCII 码值组成的向量，尽管这个向量在维数与数值上与 s 的内部表示一样，但是它们的变量属性是不同的。事实上，MATLAB 对每个变量都定义了一个属性来说明该变量是否是一个字符串变量。

MATLAB 提供几个与字符串操作有关的函数：函数 setstr 的作用是将 ASCII 码值转换成可显示的字符，disp 是将字符串变量的字符直接显示出来，isstr 用于检查一个变量是否为字符串变量，strcmp 用于字符串的比较，sprintf 将数值按指定的格式转换成数值字符串，num2str 和 int2str 也是将数值转换成字符串。如运行下列语句：

```
>>f = 70；c = (f - 32) /2；
>>disp ( ['Room temperature is', num2str (c), '.C'])
```

屏幕会显示 Room temperature is19.C。

与字符串有关的另一个函数是 eval，该函数的调用形式为 eval（t），其中 t 是字符串变量，它的作用是把该变量的内容作为表达式或语句进行求值。例如：

```
>>t = '100/20'; eval (t)
ans = 5
```

2.1.5　常用的操作命令

常用的操作命令见表 2 - 2 所列。

表 2 - 2　常用的操作命令

命　令	描　述
clc 命令	用于清除命令窗口屏幕，对工作环境中的所有变量无任何影响
clear 命令	用于清除当前工作空间内的变量
>>clear；	清除当前工作空间内所有的变量
>>clear A a b；	清除变量 A、a 和 b，保留其他的变量
who 命令	用于查询当前工作空间内所有变量的名称
whos 命令	显示当前工作空间内所有变量的名称、大小、字节、是否为复数等信息
what 命令	用于查询当前目录下所有的 M 文件
which 命令	显示某个 MATLAB 函数的路径

```
>>which cross
C：\MATLABR11\toolbox\matlab\specfun\cross.m
```

另外，MATLAB 允许用户调用 Windows 或 DOS 系统可执行文件".exe"，其调用方式是在 MATLAB 环境下键入叹号，即"!"，后面直接跟该可执行文件的文件名或 DOS 命令即可，它使得 MATLAB 将感叹号后面的命令传到相应的操作系统中，这个过程通常称为使用外部系统命令。例如，用户可以由"!chkdsk"命令来直接调用 DOS 下的 chkdsk.exe 文件。MATLAB 也允许采用这样的方式来直接使用 DOS 命令，如磁盘复制命令 copy 可以由"!copy"来直接调用，而文件列表命令 dir 可以由"!dir"来调用。

事实上为了给用户提供更大的便利，MATLAB 已经把一些常用的 DOS 命令做成了相应的 MATLAB 命令（见表 2-3 所列）。

表 2-3　MATLAB 命令

命　令	描　述
dir	查询当前目录下所有的文件
type	在命令窗口显示文件
delete	删除文件
cd	显示当前目录
cd path	进入目录

2.2　矩阵运算

2.2.1　矩阵变量赋值方法

在数值运算中必须对使用的矩阵变量赋值。除了在 MATLAB 平台上直接赋值之外，还可以使用多种方法对矩阵变量进行赋值。

1. 直接赋值

对于简单矩阵，可以在 MATLAB 平台上直接赋值。

[**例 2 - 1**]　对变量矩阵直接赋值。

```
a = [1 2; 3 4]
a =

      1    2

      3    4
A = [5 6; 7 8]
A =

    5      6

    7      8
```

例题说明：

（1）字符 *a* 与 *A* 分别为独立的变量名；

（2）矩阵元素之间可用空格，也可用逗号。

[**例 2 - 2**]　复数矩阵与函数元素。

```
a = [1 1 + 2i; 2 + i exp (1)]
a =

    1.0000            1.0000 + 2.0000i

    2.0000 + 1.0000i    2.7183
```

例题说明：当变量的元素为复数时，其内存单元容量大小要加倍，即虚部与实部有相同的表示精度。

2. 增量赋值

可以利用 MATLAB 的向量增量功能赋值，向量增量赋值的标准格式为 "x＝初值：增量：终值"。其中，冒号为分隔识别符。

[**例 2 - 3**]　由增量赋值创建矩阵。

```
x = 1: 0.1: 1.2;
y = [x; 2 * x; x/5]
y =

    1.0000    1.1000    1.2000

    2.0000    2.2000    2.4000

    0.2000    0.2200    0.2400
```

例题说明：

（1）向量 x 为增量赋值语句，矩阵 y 为利用向量 x 得到的秩为 1 的奇异矩阵；

（2）向量增量功能对系统仿真是非常有用的，一般情况下，时间 t 即为等间隔线性单增的向量；

（3）标准格式中如果缺省增量，默认增量为 1，即表示为"x＝初值：终值"。

3. 初等矩阵赋值

经常使用的一些初等矩阵函数见表 2-4 所列。

表 2-4　初等矩阵函数

函　数	描　述
zero（m, n）	$m \times n$ 全零矩阵
ones（m, n）	$m \times n$ 全 1 矩阵
eye（n）	$n \times n$ 单位矩阵
rand（m, n）	$m \times n$ 随机矩阵，0～1 之间均匀分布
randn（m, n）	$m \times n$ 随机矩阵，0～1 之间正态分布

2.2.2　矩阵的常规运算

MATLAB 中的矩阵常规运算必须符合矩阵维数的要求。表 2-5 列出了常规运算的运算符。

表 2-5　常规运算的运算符

运算符	名　称
＋	加号
－	减号
*	乘号
. *	点乘（用于矩阵点运算）
^	乘方
. ^	点乘方（用于矩阵点运算）
\	左除（用于求解线性代数方程组）
/	右除
. /	点除（用于矩阵点运算）

除了上述的基本运算之外，还有一些专用运算的运算符（见表2-6所列）。

表2-6　专用运算的运算符

运算符	描　述
a'	矩阵转置
inv（a）	矩阵求逆
fliplr（a），flipud（a），rot90（a）	矩阵翻转

[例2-4]　矩阵四则运算。

```
        a=［1 2 1；2 2 1；2 1 2］；
        b=［3 3 1；3 2 1；1 1 3］；
c1=a+b
c1=

    4    5    2
    5    4    2
    3    2    5
c2=a-b
c2=

   -2   -1    0
   -1    0    0
    1    0   -1
c3=a*b
c3=

   10    8    6
   13   11    7
   11   10    9
c4=a/b
c4=

    1.2500   -1.0000    0.2500
    0.6250         0    0.1250
   -0.5000    1.0000    0.5000
```

[例2-5]　矩阵右除与左除。

```
a=［1 2 1；2 2 1；2 1 2］；
c=［1；2；3］；
```

```
a/c                        % 矩阵右除
??? Error using = = >/
Matrix dimensions must agree.
```

矩阵右除，显示出错，矩阵维数错误。

```
a \ c                      % 矩阵左除
ans =

    1.0000

  - 0.3333

    0.6667
```

矩阵左除，显示结果为线性代数方程组，即

$$
\begin{pmatrix} 1 & 2 & 1 \\ 2 & 2 & 1 \\ 2 & 1 & 2 \end{pmatrix} \begin{pmatrix} x_1 \\ x_2 \\ x_3 \end{pmatrix} = \begin{pmatrix} 1 \\ 2 \\ 3 \end{pmatrix}
$$

的解。

例题说明：

（1）矩阵右除为四则运算的除法运算，必须满足矩阵维数要求；

（2）矩阵左除等价于逆乘运算 $a \backslash c = a^{-1} * c$，$a^{-1}$ 为矩阵 a 的逆矩阵。

[例 2 - 6]　矩阵转置与逆矩阵。

```
a = [ 0 1 0; 0 0 1; - 6 - 11 - 6 ];
az = a'
az =

    0     0     - 6

    1     0     - 11

    0     1     - 6

ai = inv (a)
ai =

  - 1.8333    - 1.0000    - 0.1667

    1.0000      0           0

    0           1.0000      0
```

2.2.3 矩阵特征运算

MATLAB 中矩阵特征运算函数见表 2-7 所列。

表 2-7 MATLAB 中矩阵特征运算函数

函　数	内　容
cond ()	矩阵条件数
norm ()	矩阵范数
rcond ()	条件反商
rank ()	矩阵的秩
det ()	矩阵行列式
trace ()	矩阵的迹
eig ()	矩阵特征值
svd ()	矩阵奇异值

[例 2-7]　计算矩阵 *a* 的有关特征参数。

```
    a= [1 2 3; 4 5 6; 7 8 0]
a =

    1    2    3
    4    5    6
    7    8    0
[cond (a), norm (a), rank (a), det (a)]
ans =

    35.1059   13.2015    3.0000   27.0000
```

2.2.4 矩阵分解运算

MATLAB 中的矩阵分解函数如下。

1. 奇异值分解函数

$$[U, S, V] = svd (A)$$

$$S = svd (A)$$

函数功能：作矩阵 **A** 的奇异值分解。

应用格式 1：返回矩阵 U，S，V。

应用格式 2：返回奇异值向量 S。

2. LU 分解函数

$$[L，U] = lu（A）$$

$$U = lu（A）$$

函数功能：作矩阵的上三角形分解。

应用格式 1：返回矩阵 L、U。

应用格式 2：返回上三角形矩阵 U。

3. QR 分解函数

$$[Q，R] = qr（A）$$

$$[Q，R，E] = qr（A）$$

函数功能：作矩阵的正交三角形分解。

应用格式 1：返回正交矩阵 Q、上三角形矩阵 R，满足

$$X = Q * R$$

应用格式 2：返回正交矩阵 Q、上三角形矩阵 R 和置换矩阵 E，满足

$$X * E = Q * R$$

[例 2-8] 已知矩阵 a，作奇异值分解。

```
a = [0 1；-2 -3]；
[u，s，v] = svd（a）
u =
    0.2298    0.9732
  - 0.9732    0.2298
s =
    3.7025         0
    0         0.5402
v =
    0.5257   - 0.8507
    0.8507    0.5257
```

2.3 基本数学函数

MATLAB 几乎提供了所有常用的初等运算操作，除了矩阵运算提到的基本代数运算操作加（＋）、减（－）、乘（＊）、除（/）、幂（˄）等，还提供了以下初等运算函数，见表 2－8 所列。

表 2－8 初等运算函数

函　数	描　述
abs（）	实数的绝对值、复数的模、字符串的 ASCII 码值
aug（）	复数的幅角
sqrt（）	方根函数
real（）	复数的实部
imag（）	复数的虚部
conj（）	复共轭运算
round（）	最邻近整数截断（四舍五入）
fix（）	向零方向取整
floor（）	不大于自变量的最大整数
ceil（）	不小于自变量的最小整数
sign（）	符号函数
rem（）	求余数或模运算
gcd（）	最大公因子
lcm（）	最小公倍数
exp（）	自然指数函数（以 e 为底）
log（）	自然对数函数（以 e 为底）
log10（）	以 10 为底的对数函数

MATLAB 提供的三角函数见表 2－9 所列。

表 2-9　MATLAB 提供的三角函数

函　数	描　述
sin（）	正弦函数
cos（）	余弦函数
tan（）	正切函数
asin（）	反正弦函数
acos（）	反余弦函数
atan（）	反正切函数
sinh（）	双曲正弦函数
cosh（）	双曲余弦函数
tanh（）	双曲正切函数
asinh（）	反双曲正弦函数
acosh（）	反双曲余弦函数
atanh（）	反双曲正切函数

MATLAB 提供的数据统计分析函数见表 2-10 所列。

表 2-10　MATLAB 提供的数据统计分析函数

函　数	描　述
max（）	找出最大值
min（）	找出最小值
mean（）	计算平均值
median（）	计算中间值
std（）	计算标准差
sort（）	元素排序
sum（）	求和函数
prod（）	计算元素之积
cumsum（）	计算元素累计和
cumprod（）	计算元素累计积

上述基本数学函数的应用格式比较简单。下面举例予以说明。

[例2-9] 二阶欠阻尼系统的超调量计算公式为

$$M_p = e^{\frac{\zeta \times \pi}{\sqrt{1-\zeta^2}}} \times 100\%$$

试绘制 M_p-ζ 的关系曲线。

```
z = 0: 0.01: 0.99;
mp = exp (- z. /sqrt (1 - z. ^2) * pi);
plot (z, mp); grid;
xlabel ('z'); ylabel ('mp');
```

M_p-ζ 的关系曲线如图 2-1 所示。

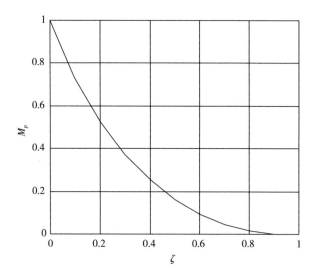

图 2-1 M_p-ζ 的关系曲线

2.4 关系运算和逻辑运算

关系运算和逻辑运算在一个仿真软件中的作用是十分重要的。在 MATLAB 中，对于所有关系和逻辑表达式的输入参数来说，任何非零数值代表"真"，0 则代表"假"；对于关系和逻辑表达式的输出来说，1 表示"真"，0 则表示"假"。

MATLAB 提供了表 2-11 所列的 6 种关系运算符，用于 2 个同维数的矩阵对应元素的比较，以检查矩阵的元素是否满足某些条件，比较的结果是与输入矩阵维数相同的"0-1"矩阵。

表 2-11　MATLAB 的关系运算符

操作符	说　明	操作符	说　明
<	小于	<=	小于等于
>	大于	>=	大于等于
==	等于	~=	不等于

例如：

```
>>a = [1 6 12; 3 32 7];
>>b = [2 3 4; 6 7 8];
>>c = a<b
c =
      1    0    0
      1    0    1
```

对于复数运算、"=="与"~="运算，既比较实部，又比较虚部，而其他运算仅比较实部。关系运算同样也可用于常量与矩阵的比较。在这种情况下，该常量与矩阵的每一个元素进行比较，其结果是一个与矩阵维数相同的 0-1 矩阵。

常与关系运算符一起使用的 MATLAB 函数是 find，该函数能在 0-1 矩阵中找出非零元素，并返回非零元素在矩阵中的位置指标向量。例如，如果 Y 是一个向量，那么 find（$Y<3.0$）的结果是一个向量，其值为向量 Y 中小于 3.0 的元素的位置指标。

MATLAB 中的逻辑运算符见表 2-12 所列。

表 2-12　MATLAB 中的逻辑运算符

运算符	描　述	运算符	描　述
&	逻辑与	==	全等
|	逻辑或	<>	小于、大于
~	逻辑非	xor	异或

逻辑运算与比较运算方法基本相似，其运算结果为1或0；矩阵运算为相同位置的元素运算。

[例 2 - 10] 逻辑与、或、非运算。

解：

```
x = [0 1; 1 0];
y = [0 0; 1 0];
x&y
ans =
      0    0
      1    0
x | y
ans =
      0    1
      1    0
~x
ans =
      1    0
      0    1
```

常与逻辑运算符一起使用的 MATLAB 函数有 any 和 all。如果向量 x 的某一个元素为非零，则 any（x）的返回值为1（真），否则返回值为0（假）。如果向量 x 的每一个元素都为非零，则 all（x）的返回值为1（真），否则返回值为0（假），这些函数都将返回一个条件值。因此，这些函数在条件语句中特别有用。例如：

```
if all (A<5)
        do something
end
```

2.5 多项式运算

MATLAB 的多项式处理函数见表 2 - 13 所列。

表 2-13　MATLAB 的多项式处理函数

函　数	描　述
roots（）	代数方程求根
poly（）	多项式函数
polyval（）	多项式求值函数
polyvalm（）	矩阵多项式求值
residue（）	计算留数
polyfit（）	多项式曲线拟会
polyder（）	多项式导数
conv（）	卷积与多项式乘
decovn（）	反卷积与多项式除

在 MATLAB 里，多项式用行向量表示。多项式 $P(x) = a_0 x^n + a_1 x^{n-1} + \cdots a_{n-1}x + a_n$ 用以下系数向量表示：$\boldsymbol{P} = \begin{bmatrix} a_0 & a_1 \cdots a_{n-1} & a_n \end{bmatrix}$。

多项式变量为矩阵时，意义与标量差不多。若多项式为 $P(x) = x^3 - 2x - 4$，则 $\boldsymbol{P}(\boldsymbol{A}) = \boldsymbol{A}^3 - 2\boldsymbol{A} - 4\boldsymbol{I}$，$\boldsymbol{I}$ 为和 $\boldsymbol{A}$ 同阶的单位阵。在下面的例子中，用函数 roots 来求多项式的根。

[例 2-11]　求特征多项式与特征根。

解：

```
p = [1 0 - 2 - 4];              %输入多项式
r = roots（P）                  %求多项式 P（x）= x³ - 2x - 4 的根
r =
  2.0000
  - 1.0000 + 1.0000i
  - 1.0000 - 1.0000i
a = [1.2 3 5 0.9; 5 1.7 5 6; 3 9 0 1; 1 2 3 4];    %输入矩阵
poly（a）                       %求矩阵 a 的特征多项式
ans =
   1.0000   - 6.9000   - 77.2600   - 86.1300   604.5500
polyval（ans, 20）              %求特征多项式中未知数为 20 时的值
ans =
  7.2778e + 004
```

所以，矩阵 a 的特征多项式为 $x^4 - 6.9x^3 - 77.26x^2 - 86.13x + 604.55$。当 $x = 20$ 时，多项式的值为 72778。

[例 2-12]　　已知控制系统的开环传递函数为

$$G(s) = \frac{(s+2)(s+3)}{s(s+1)}$$

求系统的闭环特征方程，并计算系统的闭环特征根。

解：

```
p0 = conv ([1, 2], [1, 3]) + conv ([1, 0], [1, 1])      %求特征方程
p0 =
    2    6    6
p1 = rref (p0)                                           %行系数化简
p1 =
    1    3    3
r = roots (p1)                                           %求特征根
r =
    - 1.5000 + 0.8660i
    - 1.5000 - 0.8660i
```

[例 2-13]　　已知控制系统的闭环传递函数为

$$G(s) = \frac{s^2 + 2s + 2}{s^3 + 6s^2 + 11s + 6}$$

利用 residue 函数做部分分式展开。

解：

```
n = [1 2 2]; d = [1 6 11 6];
[r, p, k] = residue (n, d);
[r'; p']
ans =
    2.5000    - 2.0000    0.5000
    - 3.0000    - 2.0000    - 1.0000
```

则部分分式分解结果为

$$G(s) = \frac{2.5}{s+3} - \frac{2}{s+2} + \frac{0.5}{s+1}$$

2.6　线性方程组

线性方程组求解需要用到矩阵的逆或者伪逆，所用到的两个函数分别是

inv（）　　　　逆矩阵

pinv（）　　　　伪逆矩阵

另外，MATLAB 单独设计了矩阵左除，用于求解代数方程组，与使用矩阵的逆是一样的，但是使用更方便。

线性方程组的表达式为

$$AX = B$$

由于矩阵维数不同，方程解的存在形式也不同。

设解向量 X 为 $n \times 1$ 维，系数矩阵 A 的维数为 $m \times n$，系数矩阵 B 的维数为 $n \times 1$ 维。

对于矩阵 A，$m > n$ 时，$Ax = B$ 称为超定方程；$m = n$ 时，$Ax = B$ 称为恰定方程；$m < n$ 时，$Ax = B$ 称为欠定方程。在上述各种条件下，方程有解的条件与方程解的表达式是不同的，读者可以参阅线性代数的有关书籍。

[例 2 - 14]　　求解超定线性方程组。

解：

```
a = [1 1 0; 0 1 1; 1 0 1; 0 0 1];
b = [1; 2; 3; 4];
x1 = a \ b          % 求左除解
x1 =
    0.7143
  - 0.2857
    2.8571
x2 = inv (a) * b                %求逆矩阵解时，有病态条件会提示错误
Error using = = > inv
Matrix must be square.
x2 = inv (a' * a) * a' * b           %求正则解，x = (A' A)⁻¹A' B
x2 =
    0.7143
```

```
    - 0. 2857
      2. 8571
```

[例 2 - 15]   用两种方法求解恰定线性方程组。

解：

```
a = [1 1 0; 1 0 1; 0 1 1];
b = [1; 1; 1];
x1 = a \ b
x1 =
     0. 5000
     0. 5000
     0. 5000
x2 = inv (a) * b
x2 =
     0. 5000
     0. 5000
     0. 5000
```

[例 2 - 16]   求解欠定线性方程组。

解：

```
a = [1 1 0; 0 1 1];
b = [1; 2];
x1 = a \ b            % 求左除解
x1 =
   - 1. 0000
     2. 0000
         0
norm (a * x1 - b)     % 求左除解范数
ans =
   4. 9651e - 016
x2 = pinv (a) * b     % 求伪逆解
x2 =
   - 0. 0000
     1. 0000
```

```
    1.0000
norm (a * x2 - b)          % 求伪逆解范数
ans = 5.9787e - 016
```

2.7　MATLAB 循环与转移控制

2.7.1　条件控制语句

1. if - else - end 结构

if - else - end 结构是 MATLAB 提供的最基本的条件转移语句。

```
if   条件表达式；
     语句组 1
else；
     语句组 2
end
```

若条件成立，则执行语句组 1；若条件不成立，则执行 else 后面的语句组 2。注意，在有些情况下，else 是可以没有的，如：

```
if   条件表达式；
     语句组
end
```

若条件成立，则执行语句组；若条件不成立，则不执行。

2. if - elseif - end 结构

if - elseif - end 结构类似于一个多路开关，根据条件在多个程序段中进行选择，其格式如下。

```
if 表达式 1，语句组 1
     elseif   表达式 2，语句组 2
     elseif   表达式 3，语句组 3
     else   语句组 4
end
```

若表达式 1 为真，则执行语句组 1；若表达式 2 为真，则执行语句组 2；若表达式 3 为真，则执行语句组 3；否则，执行 else 后面的语句。这里表达式具有与 while 语句中的表达式相同的结构，通常为关系运算符。

这里首先通过例子来说明 if 条件语句的使用方法。

[例 2-17]　根据整数 n 的符号和奇偶性，分 3 种情况计算 n 的值。

```
if  n<0
    A = sign (n)
    elseif  rem (n, 2) = = 0
    A = n/2
    else
    A = 3 * n + 1
  end
```

2.7.2　循环控制语句结构

1. for 循环语句

MATLAB 有自己的 for 循环语句。如果要反复执行的一组语句的循环次数是已知或预定义的，就可以使用 for 循环语句。它的基本格式如下。

```
for i = is: id: ie;
    循环体
end
```

其中，is——循环变量的初值；id——循环变量的增量；ie——循环变量的终值。若循环变量的值介于初值和终值之间，则执行循环体中的语句，并且循环变量自动增量。否则结束循环语句的执行，继续执行后面的语句。for 循环体结构的程序框图如图 2-2（a）所示。

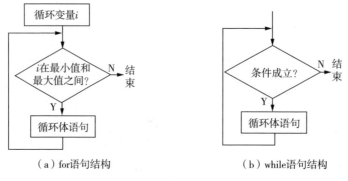

（a）for语句结构　　　　　　　（b）while语句结构

图 2-2　循环体结构的程序框图

例如：

```
>>for  i = 1：n,
  x (i) = 0,
end
```

这条循环语句对向量 x 的前 n 个元素赋零值，这里变量 n 的值必须预先给定。如果变量 n 的值小于 1，在这种情况下，语句仍是合法的，但是 MATLAB 不执行循环内的语句，即 $x(i) = 0$。如果 x 事先不存在或者其元素的个数少于 n，那么 MATLAB 将自动分配所需要的空间。

[例 2 - 18]　用 for 语句求 $1 + 2 + 3 + \cdots + 99 + 100$ 的值。

解：

```
mysum = 0;
for i = 1：100,
    mysum = mysum + i;
  end;
mysum
mysum =
```

在实际编程中，在 MATLAB 环境中采用循环语句会降低其执行速度，所以上面的程序可以由

```
i = 1：100; mysum = sum (i);
```

来代替。sum () 为内部函数命令，与前一种方法相比，计算数据越多，用它编写的程序运算速度越快。

for 语句可以嵌套使用，例如：

```
m = 10; n = 5;
for i = 1：m
  for j = 1：n
F (i, j) = 1/ (i + j - 1);
  end
end
```

最重要的是，每一个 "for" 必须与 "end" 配对使用。例如，输入下列语句

```
for   i = 1: n,    x (i) = 0
```

后，MATLAB 将继续等待循环体的输入，直至遇到 end 结束循环体时，才开始
执行 for 语句。

2. while 循环语句

MATLAB 提供 while 循环语句，语句的作用是在一定的逻辑条件控制下，不
断地循环执行一条或一组语句，直到逻辑条件不再满足为止。它的基本格式为

```
while   条件表达式；
        循环体
end
```

其执行方式：若表达式中的条件成立，则执行循环体语句。然后再判断条件
是否仍然成立，如果表达式不成立则跳出循环，向下继续执行。while 循环体结
构的程序框图如图 2 - 2（b）所示。表达式可以是矩阵，但一般来说，这里的表
达式是 1×1 的矩阵形式。如果问题涉及某个非 1×1 维数的矩阵，那么，可以用
函数 any 或 all 将这个矩阵转换成 1×1 的矩阵表达式。例如，对于向量 v，当它
的所有元素为非零值时，all（v）取值为 1，否则为零。

[例 2 - 19]　while 语句的作用。

```
n = 1;
while prod (1: n) <1. e100
        n = n + 1;
  end

n
n =
    70
```

这组语句的语义是找出使阶乘 $n!$ 小于 10 的 100 次方的最小整数 n，其中
prod（1: n）是计算向量 "1: n" 各元素之积。

MATLAB 提供的循环结构 for 和 while 是允许多级嵌套的，而且它们之间也
允许相互嵌套，这和 C 语言等高级程序设计语言是一致的。

3. 循环的终止

使用 break 语句，可以在条件成立的情况下终止循环（从循环体跳出），如：

```
for i = is: id: ie;
    循环体
if 条件表达式; break; end;
end
```

若条件表达式不成立，则按循环条件执行循环控制；若条件成立，则终止循环。

2.8　MATLAB 图形绘制

2.8.1　图形窗口和子图

图形窗口如图 2 - 3 所示。

```
>>figure
```

图 2 - 3　图形窗口

[**例 2 - 20**]　在图形窗口中绘制一条正弦曲线，如图 2 - 4 所示。

```
x = -2 * pi: pi/40: 2 * pi;
y = sin (x);
plot (x, y);
grid on;
xlabel ('\ it \ bf {y} \ rm = sin \ it \ bfx')
```

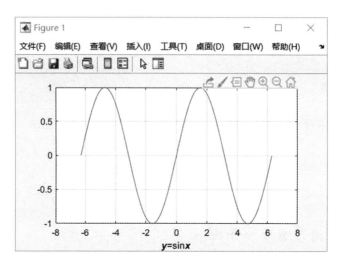

图 2-4　正弦曲线

[**例 2-21**]　使用 subplot 指令分割图形窗口生成子图，如图 2-5 所示。

```
figure;
subplot (2, 2, 1);
subplot (2, 2, 2);
subplot (2, 2, 3);
subplot (2, 2, 4);
```

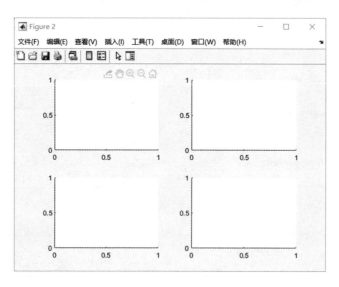

图 2-5　使用 subplot 指令分割图形窗口生成子图

[**例 2-22**]　使用 subplot 指令绘制多子图图形，如图 2-6 所示。

```
figure;
x = - 10：0.1：10;
y1 = sin (x);
y2 = cos (x);
y3 = x.^2; y4 = - x.^2;
subplot (2，2，1), plot (x, y1), xlabel ('y = sin (x)'), grid on;
subplot (2，2，2), plot (x, y2), xlabel ('y = cos (x)'), grid on;
subplot (2，2，3), plot (x, y3), xlabel ('y = x^2'), grid on;
subplot (2，2，4), plot (x, y4), xlabel ('y = - x^2'), grid on;
```

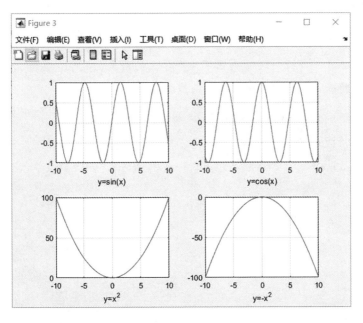

图 2-6　使用 subplot 指令绘制多子图图形

2.8.2　二维图形绘制

1. plot 绘图指令

在直角坐标系中绘图是最为常见的绘图形式。在直角坐标系中绘图主要使用 plot 绘图指令。在 Command Window 中输入并执行以下指令，可获得 plot 指令的常见调用方法。

```
>>doc plot
```

指令 plot 的常见用法如下。

```
plot (Y)
plot (X1, Y1, …, Xn, Yn)
plot (X1, Y1, LineSpec, …, Xn, Yn, LineSpec)% LineSpec 指定曲线的曲线属性,
它包括线型、标记符和颜色等
plot (…, 'PropertyName', PropertyValue, …)% PropertyName 和 PropertyValue 指
定曲线属性名和属性值
plot (axes_handle, …)% axes_handle 指定子图
h = plot (…)
```

2. plot 指令绘图及标注

[例 2 - 23] 表 2 - 14 中列出了 4 个学生的语文、数学、英语、历史、地理期末考试成绩。试将这组成绩用二维曲线绘制出来。

```
cjA = [87 82 63 91 76] '; cjB = [92 95 93 94 91] ';
cjC = [73 68 72 85 73] ';
cjD = [61 54  53  51  59] ';
figure;
plot (cjA, 'r：<', 'MarkerSize', 18);
hold all;
plot (cjB, 'k<');
plot (cjC, 'b-d');
plot (cjD, 'k-s');
axis ([1 5 0 100]);
legend ('A', 'B', 'C', 'D', 'Location', 'SouthEast');
plot ([1 5], [60, 60], 'Color', 'black', 'LineWidth', 2, 'LineStyle', '：');
box off;
```

表 2 - 14　期末考试成绩

	语　文	数　学	英　语	历　史	地　理
学生 A	87	82	63	91	76
学生 B	92	95	93	94	91

（续表）

	语　文	数　学	英　语	历　史	地　理
学生 C	73	68	72	85	73
学生 D	61	54	53	51	59

二维曲线绘制成绩如图 2-7 所示。

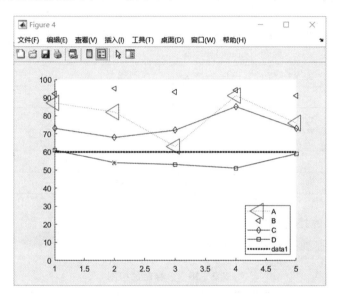

图 2-7　二维曲线绘制成绩

3. 数据点密度对图形光滑程度的影响

[例 2-24]　数据点密度对图形光滑程度的影响示例。

```
x1 = - 2 * pi: pi/40: 2 * pi; % 以 pi/40 为间隔取离散点
y1 = sin (x1);
x2 = - 2 * pi: pi/4: 2 * pi;           % 以 pi/4 为间隔取离散点
y2 = sin (x2);
h = figure;
subplot (1, 2, 1), plot (x1, y1), axis tight, xlabel (' x1 '), ylabel (' y1 '),
title (' y1 = sin (x1) ');
subplot (1, 2, 2), plot (x2, y2, 'k'), axis tight, xlabel ('x2 '), ylabel ('y2 '),
title (' y2 = sin (x2) ');
set (h, 'Color', 'white');
```

2.8.3 图形格式控制

1. 线型、颜色与数据点标记

线型、颜色与数据点标记见表 2-15 所列。

表 2-15 线型、颜色与数据点标记

线	型		颜 色		数据点标记（Marker）		
—	实线	b	蓝色（blue）	.	实心点	s	方块（square）
:	虚线	g	绿色（green）	o	圆圈	d	菱形（diamond）
—.	点划线	r	红色（red）	x	叉号	v	三角符号（朝下）
——	双划线	c	青色（cyan）	+	加号	^	三角符号（朝上）
		m	品红（magenta）	*	星号	<	三角符号（朝左）
		y	黄色（yellow）	>	三角符号（朝右）		
		k	黑色（black）	p	五角星（pentagram）		
		w	白色（white）	h	六角星（hexagram）		

2. 坐标轴的控制

坐标轴的控制见表 2-16 所列。

表 2-16 坐标轴的控制

功 能	命 令
显示/隐藏坐标轴	axis on/off
设定坐标轴的刻度范围	axis（[xmin，xmax，ymin，ymax]）
限定横坐标轴、纵坐标轴采用等长刻度显示	axis equal
使用默认坐标轴	axis auto
保持当前坐标范围不变	axis manual
坐标充满整个绘图区（manual 方式下起作用）	axis fill
横坐标、纵坐标等刻度显示且坐标框紧贴数据范围	axis image
普通直角坐标系（原点在左下方）	axis xy
矩阵式坐标（原点在左上方）	axis ij
限定为正方形坐标系	axis square
坐标轴范围设为数据范围	axis tight
限定高宽比不变（3D 旋转时避免图形大小变化）	axis vis3d
默认矩形坐标系	axis normal

3. 网格线和坐标框控制

网格线和坐标框控制见表 2-17 所列。

表 2-17　网格线和坐标框控制

命　令	功　能
grid on	开启网格线显示
grid off	关闭网格线显示
grid	切换网格线显示模式
box on	开启坐标框显示模式
box off	关闭坐标框显示模式
box	坐标框显示模式切换

4. 图形标注

图形标注见表 2-18 所列。

表 2-18　图形标注

命　令	功　能
title（'s'）	将图形窗口的标题显示为字符串 s
xlabel（'s'）	将图形窗口的横坐标（x 轴）的标签设置为字符串 s
ylabel（'s'）	将图形窗口的纵坐标（y 轴）的标签设置为字符串 s
legend（'s1',' s2',' s3' …,' sn', position）	在 position 指定的位置上显示图例，position 的取值依次为 0（自动最佳位置）、1（右上角，默认）、2（左上角）、3（左下角）、4（右下角）和 -1（图右侧），字符串 si 则是对当前图形窗口第 i 条 plot 指令绘制的曲线的文字描述
text（x, y, 's'）	在图形的点（x, y）处显示字符串 s

[例 2-25]　试绘制 $y_1 = x^2 + 2x + 1$、$y_2 = \sin x$、$y_3 = -x^2 - 2x - 1$ 在 $x \in [-2\pi, 2\pi]$ 区间上的图形，并进行常规图形标注，绘制区间图形如图 2-8 所示。

```
clear; clc;
x = -2 * pi: 0.1: 2 * pi;
y1 = x.^2 + 2 * x + 1;
y2 = 3 * sin (3 * x);
```

```
y3 = - y1;
figure;
plot (x, y1);
hold on;
plot (x, y2, 'r - d', 'LineWidth', 2, 'MarkerSize', 4);
plot (x, y3, 'g. ', 'LineWidth', 4);
grid on;
box off;
title ('y1, y2, y3');
xlabel ('x');
ylabel ('y1/y2/y3');
legend ('y1 = x^2 + 2x + 1', 'y2 = 3sin3x', 'y3 = - x^2 - 2x - 1', 0);
```

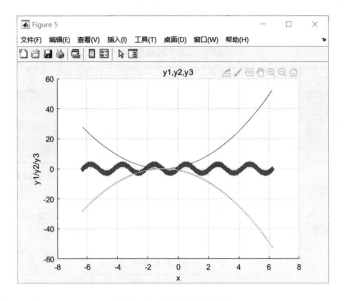

图 2 - 8　绘制区间图形

第二篇

测绘程序设计实验

第 3 章　测绘程序设计实验

实验 1　单水准线路高程近似平差计算

一、实验性质

本实验为验证性实验，实验学时可安排为 2 学时。

二、目的和要求

(1) 掌握闭合水准线路和附合水准线路高程近似平差计算的主要流程；
(2) 通过编程实现附合水准线路高程近似平差计算。

三、计算机软件、硬件配置

(1) 计算机 1 台（操作系统：Win7 或更高版本。CPU：1.6 GHz 或更快处理器。内存：1 GB 以上。硬盘：4 GB 以上，至少 3 GB 可用硬盘空间，5400 RPM 硬盘驱动器。显示屏：DirectX9 视频卡，1280×1024 或更高显示分辨率。鼠标或其他指定设备。建议采用优于以上配置的计算机，这样有利于软件正常运行）。
(2) MATLAB 7.0 以上版本软件。

四、水准线路近似平差概述

附合水准线路和闭合水准线路是高程控制测量工作中常用的单水准线路布设方案，其示意图如图 3 - 1 和图 3 - 2 所示。其中闭合水准线路可以看作附合水准线路中已知水准点 A 和 B 重合的特例。

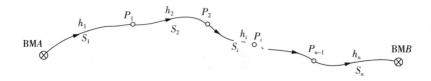

图 3-1 附合水准线路示意图

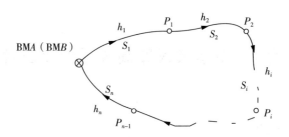

图 3-2 闭合水准线路示意图

在图 3-1 所示附合水准线路中，BMA 和 BMB 高程已知，分别设为 H_A 和 H_B，有 $n-1$ 个待测点，命名为 $P_i (i=1，2，\cdots，n-1)$，水准线路分为 n 测段，长度分别为 $S_i (i=1，2，\cdots，n)$，观测高差分别为 $h_i (i=1，2，\cdots，n)$。

假定水准测量闭合差限差为 f_0，实测高差闭合差 $f_h = \sum\limits_{i=1}^{n} h_i - (H_B - H_A)$，且 $|f_h| < f_0$。则测段高差观测值的改正数按距离线性配赋，为 $V_0 = -\dfrac{f_h}{\sum\limits_{i=1}^{n} S_i}$，

$V_i = S_i V_0$，改正后的高差为 $\hat{h}_i = h_i + V_i$，则 P_i 点的近似平差后的高程为 $\hat{H}_{P_i} = H_A + \sum\limits_{j=1}^{i} \hat{h}_j$。

对于图 3-2 中的闭合水准线路，把附合水准线路中计算高差闭合差公式中的 H_B 赋值为 H_A 即可。

水准测量误差随水准线路长度增加而增大是事实，但误差的累积并不一定遵循严格的线性规律。与《误差理论与测量平差基础》（参考文献[17]）中介绍的严密平差方法相比，将上述测段高差观测值的改正数按距离线性配赋，可以被认为是一种"近似"计算。

五、附合水准线路近似平差计算算例

如图 3-3 所示为一段附合水准线路，A 和 B 是已知高程水准点，P_1、P_2 和 P_3 点是待定点。A 和 B 点观测高差、相应的水准线路长度和高程见表 3-1 所列。求待定点的高程平差值。

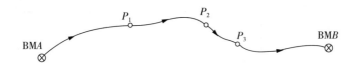

图 3-3　附合水准线路示意图

表 3-1　观测高差、水准线路长度和高程

测　段	观测高差/m	水准线路长度/km	已知高程/m
$A—P_1$	5.331	1.6	$H_A=14.286$
$P_1—P_2$	+1.813	2.1	$H_B=19.609$
$P_2—P_3$	−4.224	1.7	
$P_3—B$	−1.430	2.0	

取闭合差限差 $f_限=40\sqrt{L}$，平差计算相关结果如下：

线路总长 $S=7.4$ km，

限差 $f_限=40\sqrt{S}=108.8$ mm，

闭合差 $f_h=37.0$ mm，

高差改正数 $V=[-8.0 \quad -10.5 \quad -8.5 \quad -10.0]$，

平差后高差 $\hat{h}=[5.3230 \quad 1.8025 \quad -4.2525 \quad 1.4200]$，

平差后待定点高程 $\hat{H}=[9.6090 \quad 11.4115 \quad 7.1590]$。

六、实验步骤

1. 设计程序流程图

根据水准线路近似平差设计程序流程图，附合水准线路近似平差计算流程图如图 3-4 所示。

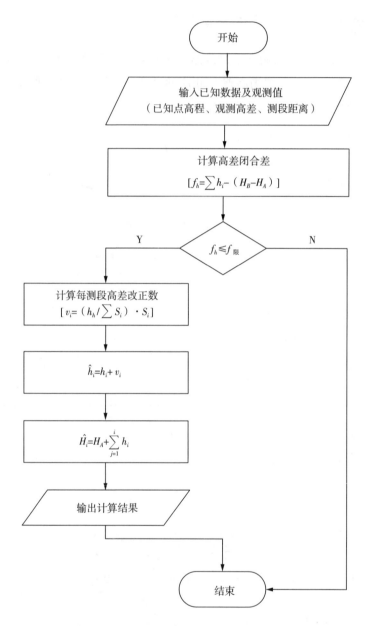

图 3-4   附合水准线路近似平差计算流程图

2. 编写代码

根据程序流程，编写实现代码。参考代码如下：

```
%*************
%输入已知值
%*************
%手动输入已知点高程 HA，HB、高差观测值 h，水准线路距离 S
HA = 4.286;
HB = 8.579;
h = [5.331, 1.813, -4.244, 1.430];
S = [1.6, 2.1, 1.7, 2.0];


%**************
%平差值计算
%**************
n = size (h, 2); %测段数
sigmaS = sum (S); %线路总长度
%计算高差闭合差
sigmah = sum (h); %观测高差总和
fh = (sigmah - (HB - HA)) * 1000; %高差闭合差（mm）
f0 = 40 * sqrt (sigmaS); %计算限差
if (abs (fh) > f0)
    clc; %清屏
    fprintf ('高差闭合差：%3.1f mm  闭合差限差：%3.1f mm \n fh>f0 高差闭合差超限!
\n', fh, f0);
    return;
end
%按距离线性配赋高差闭合差
V0 = - fh/sigmaS;
V = V0. * S;
%计算高差平差值
hadj = h + V/1000;
%计算高程平差值
Hadj = 1: n + 1; %预分配高程平差值数组
Hadj (1) = HA;
for i = 2: n + 1
    Hadj (i) = Hadj (1) + sum (hadj (1: i - 1));
```

```
end


% * * * * * * * * * * * * *
%输出计算成果
% * * * * * * * * * * * * *
clc;%清屏
fprintf ('- - - - - - >>  已知数据  << - - - - - - -：\ n');
fprintf ('已知点高程：HA = % 4.3f m; HB = % 4.3f m\ n', HA, HB);
fprintf ('观测高差 (m)：\ n');
disp (h);
fprintf ('水准线路长度 (km)：\ n');
disp (S);
fprintf ('- - - - - - >>  平差值计算数据  << - - - - - - -：\ n');
fprintf ('高差闭合差 fh = % 3.1f mm  闭合差限差 f0 = % 3.1f mm  fh<f0 \ n', fh, f0);
fprintf ('线路总长∑S = % 3.1f km \ n', sigmaS);
fprintf ('高差改正数 V (mm)：\ n');
disp (V);
fprintf ('高差平差值 hadj (m)：\ n');
disp (hadj);
fprintf ('高程平差值 Hadj (m)：\ n');
disp (Hadj);
fprintf ('- - - - - - >>  Over  << - - - - - - -：\ n');
```

七、上交成果

实验结束后将实验报告以个人为单位装订成册并上交。

八、问题思考及拓展

尝试通过文件读写方式读入已知数据，并保存计算成果。

实验 2　水准网严密平差计算

一、实验性质

本实验为验证性实验，实验时数可安排为 2 学时。

二、目的和要求

（1）掌握条件平差法和间接平差法在处理具体平差问题中的主要流程；

（2）通过编程实现"水准网条件平差"和"水准网间接平差"两种水准网严密平差计算。

三、计算机软件、硬件配置

（1）计算机 1 台（操作系统：Win7 或更高版本。CPU：1.6 GHz 或更快处理器。内存：1 GB 以上。硬盘：4 GB 以上，至少 3 GB 可用硬盘空间，5400 RPM 硬盘驱动器。显示屏：DirectX9 视频卡，1280×1024 或更高显示分辨率。鼠标或其他指定设备。建议采用较高配置的计算机，这样有利于软件正常运行）。

（2）MATLAB 7.0 以上版本软件。

四、水准网严密平差计算方法概述

在测绘工程专业的专业基础课"误差理论和测量平差基础"中，以"最小二乘法"结合"正态分布"随机模型来处理测量工作中出现的偶然误差，得到未知数的最优估计量的方法，被称为测量中的经典平差处理方法，相比于实验 1 中的"近似平差处理方法"，这种方法也被称为"严密平差处理方法"。经典平差处理方法中的条件平差法和间接平差法是用于处理同一个误差问题的两种不同处理思路，在理论方法上可以统一于"含有限制条件的条件平差方法"这一"概括数学模型"中。因此条件平差法和间接平差法殊途同归，处理结果是一致的。"水准网"方法是当前测绘工作中用来获取地面控制点高程数值的主要布网方法。虽然条件方程（条件平差法）、观测方程（间接平差法）列立简单易懂，但平差处理的流程一个都不能少。同学们通过对水准网严密平差计算的理解和掌握，即可快速入门条件平差法和间接平差法这两种经典平差处理方法，为掌握更复杂的平面控制网平差方法打下坚实的基础。

五、水准网严密平差算例

1. 算例内容

算例内容可参考武汉大学出版社《误差理论与测量平差基础》第 3 版中的例 5-8 和例 7-8。如图 3-5，在水准网中，A 和 B 是已知高程的水准点，并设这些点已知高程无误差。图中 C、D 和 E 点是待定点。A 和 B 点高程、观测高差和相应的水准线路长度见表 3-2 所列。求网中待定点的高程平差值及中误差。

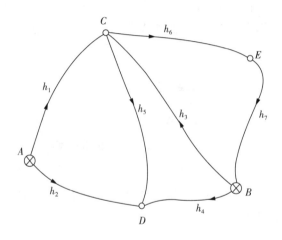

图 3-5　水准网示意图

表 3-2　　A 和 B 点高程、观测高差和相应的水准线路长度

路线号	观测高差/m	水准路线长度/km	已知高程/m
1	+1.359	1.1	$H_A = 5.016$
2	+2.009	1.7	$H_B = 6.016$
3	+0.363	2.3	
4	+1.012	2.7	
5	+0.657	2.4	
6	+0.238	1.4	
7	-0.595	2.6	

2. 条件平差法计算步骤

1）列立条件方程（有多种列法，不唯一）

$$\begin{cases} \hat{h}_1 - \hat{h}_2 + \hat{h}_5 = 0 \\ \hat{h}_3 - \hat{h}_4 + \hat{h}_5 = 0 \\ \hat{h}_3 + \hat{h}_6 + \hat{h}_7 = 0 \\ H_A + \hat{h}_2 - \hat{h}_4 - H_B \end{cases} \Rightarrow \begin{cases} v_1 - v_2 + v_5 + 7 = 0 \\ v_3 - v_4 + v_5 + 8 = 0 \\ v_3 + v_6 + v_7 + 6 = 0 \\ v_2 - v_4 - 3 = 0 \end{cases} \quad (3-1)$$

高差观测值向量为

$$\boldsymbol{h} = \begin{bmatrix} 1.359 & 2.009 & 0.363 & 1.012 & 0.657 & 0.238 & -0.595 \end{bmatrix}^{\mathrm{T}}$$

条件方程系数矩阵为

$$\underset{4 \times 7}{\boldsymbol{A}} = \begin{pmatrix} 1 & -1 & 0 & 0 & 1 & 0 & 0 \\ 0 & 0 & 1 & -1 & 1 & 0 & 0 \\ 0 & 0 & 1 & 0 & 0 & 1 & 1 \\ 0 & 1 & 0 & -1 & 0 & 0 & 0 \end{pmatrix}$$

闭合差向量为

$$\boldsymbol{W} = \begin{pmatrix} 7 \\ 8 \\ 6 \\ -3 \end{pmatrix}$$

2）定权

水准测量的权与水准线路的长度成反比，取 1 km 线路长度中误差作为单位权中误差，则题中水准网协因数阵如下：

$$\underset{7\times7}{Q}=\underset{7\times7}{P}^{-1}=\begin{bmatrix} 1.1 & & & & & & \\ & 1.7 & & & & & \\ & & 2.3 & & & & \\ & & & 2.7 & & & \\ & & & & 2.4 & & \\ & & & & & 1.4 & \\ & & & & & & 2.6 \end{bmatrix} \qquad (3-2)$$

3）组成法方程并求解

法方程：

$$N_{aa}K+W=0\Rightarrow K=-N_{aa}^{-1}W \qquad (3-3)$$

其中，$\underset{4\times4}{N_{aa}}=AQA^{\mathrm{T}}=\begin{bmatrix} 5.2 & 2.4 & 0.0 & -1.7 \\ 2.4 & 7.4 & 2.3 & 2.7 \\ 0.0 & 2.3 & 6.3 & 0.0 \\ -1.7 & 2.7 & 0.0 & 4.1 \end{bmatrix}$

解之得 $K=\begin{bmatrix} -0.2206 & -1.4053 & -0.4393 & 1.4589 \end{bmatrix}^{\mathrm{T}}$

4）计算高差观测值改正数及待定点高程平差值

高差观测值改正数向量：

$$V_h=QA^{\mathrm{T}}K=\begin{bmatrix} -0.2 & 2.9 & -4.2 & -0.1 & -3.9 & -0.6 & -1.1 \end{bmatrix}^{\mathrm{T}} \text{ (mm)} \qquad (3-4)$$

高差平差值：

$$\hat{h}=h+V_h$$

$$=\begin{bmatrix} 1.3588 & 2.0119 & 0.3588 & 1.0119 & 0.6531 & 0.2374 & -0.5961 \end{bmatrix}^{\mathrm{T}} \text{ (m)} \qquad (3-5)$$

由此待定点高程平差值如下（有多种求法，不唯一）：

$$\hat{H}=\begin{bmatrix} \hat{H}_C & \hat{H}_D & \hat{H}_E \end{bmatrix}^{\mathrm{T}}=\begin{bmatrix} H_A+\hat{L}_1 & H_A+\hat{L}_2 & H_B-\hat{L}_7 \end{bmatrix}^{\mathrm{T}}$$

$$=\begin{bmatrix} 6.3748 & 7.0279 & 6.6121 \end{bmatrix}^{\mathrm{T}} \text{ (m)} \qquad (3-6)$$

5）计算待定点高程平差值中误差

（1）计算单位权中误差：

$$\hat{\sigma}_0=\sqrt{\frac{V^{\mathrm{T}}PV}{r}}=\sqrt{\frac{19.80}{4}}=2.2 \text{ (mm)} \qquad (3-7)$$

（2）高差平差值协因数阵：

$$Q_{\hat{h}\hat{h}} = Q - Q_{VV} = Q - QA^{\mathrm{T}}N_{aa}^{-1}AQ \tag{3-8}$$

（3）待定点高程平差值中误差：

因为 $\hat{H} = \begin{bmatrix} H_A + \hat{L}_1 & H_A + \hat{L}_2 & H_B - \hat{L}_7 \end{bmatrix}^{\mathrm{T}}$，由方差-协方差传播律，有

$$D_{\hat{H}\hat{H}} = \hat{\sigma}_0^2 Q_{\hat{H}\hat{H}} = \hat{\sigma}_0^2 \begin{bmatrix} Q_{\hat{1}\hat{1}} & Q_{\hat{1}\hat{2}} & Q_{\hat{1}\hat{7}} \\ Q_{\hat{1}\hat{2}} & Q_{\hat{2}\hat{2}} & Q_{\hat{2}\hat{7}} \\ Q_{\hat{1}\hat{7}} & Q_{\hat{2}\hat{7}} & Q_{\hat{7}\hat{7}} \end{bmatrix} \tag{3-9}$$

所以 $\hat{\sigma}_{\hat{H}} = \begin{bmatrix} \hat{\sigma}_{\hat{H}_C} & \hat{\sigma}_{\hat{H}_D} & \hat{\sigma}_{\hat{H}_E} \end{bmatrix}^{\mathrm{T}} = \hat{\sigma}_0 \begin{bmatrix} \sqrt{Q_{\hat{1}\hat{1}}} & \sqrt{Q_{\hat{2}\hat{2}}} & \sqrt{Q_{\hat{7}\hat{7}}} \end{bmatrix}^{\mathrm{T}} = \begin{bmatrix} 1.6 & 2.0 & 2.4 \end{bmatrix}^{\mathrm{T}}$

3. 间接平差法计算步骤

1）列立观测方程及误差方程

设待定点 C、D、E 的高程平差值未知数 $\hat{X} = \begin{bmatrix} \hat{X}_1 & \hat{X}_2 & \hat{X}_3 \end{bmatrix}^{\mathrm{T}}$，其近似值及改正数分别为 $\hat{X}^0 = \begin{bmatrix} \hat{X}_1^0 & \hat{X}_2^0 & \hat{X}_3^0 \end{bmatrix}^{\mathrm{T}}$ 和 $\hat{x} = \begin{bmatrix} \hat{x}_1 & \hat{x}_2 & \hat{x}_3 \end{bmatrix}^{\mathrm{T}}$

取近似值（方法不唯一）：

$$\begin{cases} \hat{X}_1^0 = H_A + h_1 = 6.375 \\ \hat{X}_2^0 = H_A + h_2 = 7.025 \\ \hat{X}_3^0 = H_B - h_7 = 6.606 \end{cases} \tag{3-10}$$

列立观测方程及误差方程：

$$\begin{cases} \hat{h}_1 = \hat{X}_1 - H_A \\ \hat{h}_2 = \hat{X}_2 - H_A \\ \hat{h}_3 = \hat{X}_1 - H_B \\ \hat{h}_4 = \hat{X}_2 - H_B \\ \hat{h}_5 = -\hat{X}_1 + \hat{X}_2 \\ \hat{h}_6 = -\hat{X}_1 + \hat{X}_3 \\ \hat{h}_7 = -\hat{X}_3 + H_B \end{cases} \Rightarrow \begin{cases} v_1 = \hat{x}_1 - 0 \\ v_2 = \hat{x}_2 - 0 \\ v_3 = \hat{x}_1 - 4 \\ v_4 = \hat{x}_2 - 3 \\ v_5 = -\hat{x}_1 + \hat{x}_2 - 7 \\ v_6 = -\hat{x}_1 + \hat{x}_3 - 7 \\ v_7 = -\hat{x}_3 + 5 \end{cases} \tag{3-11}$$

$$
\text{因此系数阵 } \boldsymbol{B} = \begin{bmatrix} 1 & 0 & 0 \\ 0 & 1 & 0 \\ 1 & 0 & 0 \\ 0 & 1 & 0 \\ -1 & 1 & 0 \\ -1 & 0 & 1 \\ 0 & 0 & -1 \end{bmatrix}, \text{闭合差向量 } \boldsymbol{l} = \begin{bmatrix} 0 & 0 & 4 & 3 & 7 & 7 & -5 \end{bmatrix}^{\mathrm{T}}
$$

2）定权

水准测量的权与水准线路的长度成反比，取 1 km 线路长度中误差作为单位权中误差，则题中水准网权阵如下：

$$
\underset{7 \times 7}{\boldsymbol{P}} = \begin{bmatrix} 1/1.1 & & & & & & \\ & 1/1.7 & & & & & \\ & & 1/2.3 & & & & \\ & & & 1/2.7 & & & \\ & & & & 1/2.4 & & \\ & & & & & 1/1.4 & \\ & & & & & & 1/2.6 \end{bmatrix}
$$

3）组成法方程并求解

法方程：

$$
\boldsymbol{N}_{bb}\hat{\boldsymbol{x}} = \boldsymbol{B}^{\mathrm{T}}\boldsymbol{P}\boldsymbol{l} \Rightarrow \hat{\boldsymbol{x}} = \boldsymbol{N}_{bb}^{-1}\boldsymbol{B}^{\mathrm{T}}\boldsymbol{P}\boldsymbol{l} \tag{3-12}
$$

其中，

$$
\underset{3 \times 3}{\boldsymbol{N}_{bb}} = \boldsymbol{B}^{\mathrm{T}}\boldsymbol{P}\boldsymbol{B} = \begin{bmatrix} 2.5 & -0.4 & -0.7 \\ -0.4 & 1.4 & 0.0 \\ -0.7 & 0.0 & 1.1 \end{bmatrix} \tag{3-13}
$$

解之得

$$
\hat{\boldsymbol{x}} = \begin{bmatrix} -0.2 & 2.8 & 6.1 \end{bmatrix}^{\mathrm{T}}
$$

4）计算待定点高程平差值

$$\hat{X} = X^0 + \hat{x} = [6.3748 \quad 7.0279 \quad 6.6121]^T \tag{3-14}$$

5）计算高差改正数及高差平差值

在实际工作中可以不计算高差改正数及高差平差值，此处用来与上述条件平差法成果作比对。

高差观测值改正数：

$$V_h = B\hat{x} - l = [-0.2 \quad 2.9 \quad -4.3 \quad -0.1 \quad -3.9 \quad -0.6 \quad -1.1]^T \tag{3-15}$$

高差平差值：

$$\hat{h} = h + V_h$$

$$= [1.3588 \quad 2.0119 \quad 0.3588 \quad 1.0119 \quad 0.6531 \quad 0.2374 \quad -0.5961]^T \ (m)$$

$$\tag{3-16}$$

6）计算待定点高程平差值中误差

（1）计算单位权中误差：

$$\hat{\sigma}_0 = \sqrt{\frac{V^T P V}{r}} = \sqrt{\frac{19.80}{4}} = 2.2 \ (mm) \tag{3-17}$$

（2）待定点高程平差值协因数阵：

$$Q_{\hat{X}\hat{X}} = Q_{\hat{x}\hat{x}} = N_{bb}^{-1} = \begin{pmatrix} 0.53 & 0.16 & 0.34 \\ 0.16 & 0.78 & 0.10 \\ 0.34 & 0.10 & 1.13 \end{pmatrix} \tag{3-18}$$

（3）待定点高程平差值中误差：

$$\hat{\sigma}_H = [\hat{\sigma}_{H_C} \quad \hat{\sigma}_{H_D} \quad \hat{\sigma}_{H_E}]^T = \hat{\sigma}_0 [\sqrt{Q_{\hat{1}\hat{1}}} \quad \sqrt{Q_{\hat{2}\hat{2}}} \quad \sqrt{Q_{\hat{3}\hat{3}}}]^T = [1.6 \quad 2.0 \quad 2.4]^T$$

$$\tag{3-19}$$

六、实验步骤

1. 设计程序流程图

条件平差法水准网平差计算和间接平差法水准网平差计算，流程图可参考图3-6和图3-7。

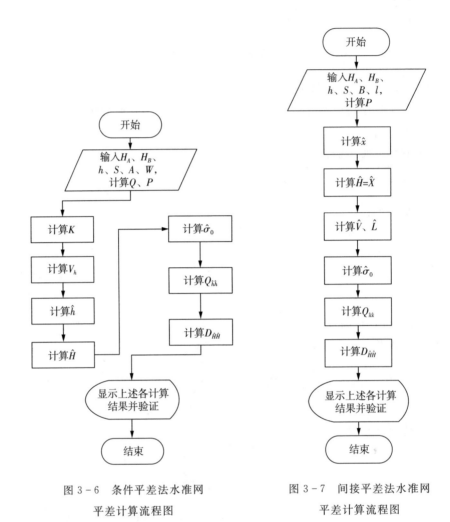

图 3-6 条件平差法水准网
平差计算流程图

图 3-7 间接平差法水准网
平差计算流程图

2. 编写代码

根据程序流程，编写实现代码。参考代码如下。

1）条件平差法参考代码

```
% * * * * * * * * * * * * * *
% 输入已知值
% * * * * * * * * * * * * * *
% 手动输入已知点高程 HA，HB、高差观测值 h，水准线路距离 S
% 系数矩阵，A、闭合差 W 和观测值协因数阵 Q 及权 P
```

```
HA = 5.016; % 已知点 A 高程值
HB = 6.016; % 已知点 B 高程值
h = [1.359, 2.009, 0.363, 1.012, 0.657, 0.238, -0.595]'; % 观测高差
S = [1.1, 1.7, 2.3, 2.7, 2.4, 1.4, 2.6]'; % 水准线路长
A = [
    1, -1, 0, 0, 1, 0, 0;
    0, 0, 1, -1, 1, 0, 0;
    0, 0, 1, 0, 0, 1, 1;
    0, 1, 0, -1, 0, 0, 0
   ]; % 条件方程系数矩阵
W = [7, 8, 6, -3]'; % 闭合差向量
Q = diag (S); % 协因数阵
P = inv (Q); % 权阵


% * * * * * * * * * * * * *
% 平差值计算
% * * * * * * * * * * * * *
% 计算法方程系数
Naa = A * Q * A';
% 求解法方程得联系数向量
K = - inv (Naa) * W;
% 求解高差改正数向量
V = Q * A' * K;
% 求高差平差值
hadj = h + V/1000;
% 求高程平差值
Hadj = [HA + hadj (1), HA + hadj (2), HB - hadj (7)]';


% * * * * * * * * * * * * *
% 精度评定
% * * * * * * * * * * * * *
% 计算单位权中误差
r = size (A, 1); % 条件方程个数，等于系数阵 A 的行数
sigma0 = sqrt (V' * P * V/r);
```

```
% 计算高差平差值协因数阵
Qhh = Q - Q * A' * inv (Naa) * A * Q;
% 计算高程平差值中误差
mHadj = sigma0 * [Qhh (1, 1), Qhh (2, 2), Qhh (7, 7)];


% * * * * * * * * * * * * *
% 输出计算成果
% * * * * * * * * * * * * *
clc; % 清屏
fprintf ('- - - - - - - ->>   已知数据   <<- - - - - - - : \n');
fprintf ('已知点高程：HA = % 4.3f m；HB = % 4.3f m \n', HA, HB);
fprintf ('观测高差 (m)：\n');
disp (h');
fprintf ('水准线路长度 (km)：\n');
disp (S');
fprintf ('- - - - - - - ->>   平差值计算数据   <<- - - - - - - : \n');
fprintf ('观测值协因数阵 Q：\n');
disp (Q);
fprintf ('法方程系数 Naa：\n');
disp (Naa);
fprintf ('联系数 K：\n');
disp (K');
fprintf ('高差改正数 V (mm)：\n');
disp (V');
fprintf ('高程平差值 Hadj (m)：\n');
disp (Hadj');
fprintf ('- - - - - - - ->>   精度评定计算数据   <<- - - - - - - - - : \n');
fprintf ('单位权中误差 sigma0 = % 3.1f mm \n', sigma0);
fprintf ('高差平差值协因数阵 Qhh：\n');
disp (Qhh);
fprintf ('高程平差值中误差 (mm)：\n');
disp (mHadj);
fprintf ('- - - - - - - ->>   Over   <<- - - - - - - : \n');
```

2）间接平差法参考代码

```
% * * * * * * * * * * * * * *
% 输入已知值
% * * * * * * * * * * * * * *
% 手动输入已知点高程 HA，HB、高差观测值 h，水准线路距离 S，未知数近似值 X0
% 系数矩阵，A、闭合差 L 和 P
HA = 5.016；% 已知点 A 高程值
HB = 6.016；% 已知点 B 高程值
h = [1.359, 2.009, 0.363, 1.012, 0.657, 0.238, - 0.595] ';% 观测高差
S = [1.1, 1.7, 2.3, 2.7, 2.4, 1.4, 2.6] ';% 水准线路长
X0 = [6.375, 7.025, 6.606] ';% 未知数近似值 X0
B = [
    1, 0, 0;
    0, 1, 0;
    1, 0, 0;
    0, 1, 0;
    -1, 1, 0;
    -1, 0, 1;
    0, 0, -1;
  ];% 观测方程系数矩阵
L = [0, 0, 4, 3, 7, 7, -5] ';% 闭合差向量
P = diag (1./S)；% 权阵。此处不能写成 1/S


% * * * * * * * * * * * * * *
% 平差值计算
% * * * * * * * * * * * * * *
% 计算法方程系数
Nbb = B' * P * B；
% 求解法方程，得未知数改正数 xadj
xadj = inv (Nbb) * B' * P * L；
% 求高程平差值
Hadj = X0 + xadj；
% 求高差观测值改正数及其平差值 hadj
```

```
V = B * xadj − L;
hadj = h + V/1000;


% * * * * * * * * * * * * *
%精度评定
% * * * * * * * * * * * * *
%计算单位权中误差
n = size (B, 1);%总观测数，等于系数阵 B 的行数
t = size (B, 2);%必要观测数，等于系数阵 B 的列数
r = n − t;%多余观测数
sigma0 = sqrt (V' * P * V/r);
%计算高差平差值协因数阵
Qxx = inv (Nbb);
%计算高程平差值中误差
mHadj = sigma0 * [sqrt (Qxx (1, 1)), sqrt (Qxx (2, 2)), sqrt (Qxx (3, 3))];


% * * * * * * * * * * * * *
%输出计算成果
% * * * * * * * * * * * * *
clc;%清屏
fprintf ('− − − − − − − −>>  已知数据  <<− − − − − − − −: \n');
fprintf ('已知点高程: HA = % 4.3f m; HB = % 4.3f m \n', HA, HB);
fprintf ('观测高差 (m): \n');
disp (h');
fprintf ('水准线路长度 (km): \n');
disp (S');
fprintf ('− − − − − − − −>>  平差值计算数据  <<− − − − − − − −: \n');
fprintf ('未知数近似值 X0 (m): \n');
disp (X0);
fprintf ('观测值权阵 P: \n');
disp (P);
fprintf ('法方程系数 Nbb: \n');
disp (Nbb);
fprintf ('未知数改正数 x: \n');
```

```
disp (xadj');
fprintf ('高程平差值 Hadj (m)：\ n');
disp (Hadj');
fprintf ('高差改正数 V (mm)：\ n');
disp (V');
fprintf ('高差平差值 hadj (m)：\ n');
disp (hadj');
fprintf ('--------＞＞　精度评定计算数据　＜＜--------：\ n');
fprintf ('单位权中误差 sigma0 = ％ 3.1f mm \ n', sigma0);
fprintf ('高程平差值协因数阵 Qxx：\ n');
disp (Qxx);
fprintf ('高程平差值中误差 (mm)：\ n');
disp (mHadj);
fprintf ('--------＞＞　Over　＜＜--------：\ n');
```

七、上交成果

实验结束后将实验报告以个人为单位装订成册并上交。

八、问题思考及拓展

（1）根据不同的条件约束，更换条件平差法中的条件方程，分析以不同的条件方程计算的最终成果是否一致；根据不同的推导路径计算间接平差法中未知数近似值，分析以不同的未知数近似值计算的最终成果是否一致。

（2）间接平差法中的未知数近似值其实可以通过观测点间的观测顺序，结合已知点高程和观测高差值自动推导计算得出，从而自动计算出闭合差向量 l。同学们课后可以进一步分析，通过编程实现。

（3）尝试通过文本文件的方式读入已知数据，保存计算成果数据。

实验 3 单导线平面坐标近似平差计算

一、实验性质

本实验为验证性实验，实验时数可安排为 2 学时。

二、目的和要求

（1）掌握附合导线和闭合导线平面坐标近似平差计算的主要流程；
（2）通过编程实现附合导线平面坐标近似平差计算。

三、计算机软件、硬件配置

（1）计算机 1 台（操作系统：Win7 或更高版本。CPU：1.6 GHz 或更快处理器。内存：1 GB 以上。硬盘：4 GB 以上，至少 3 GB 可用硬盘空间，5400 RPM 硬盘驱动器。显示屏：DirectX9 视频卡，1280×1024 或更高显示分辨率。鼠标或其他指定设备。建议采用较高配置的计算机，这样有利于软件正常运行）。
（2）MATLAB 7.0 以上版本软件。

四、导线近似平差概述

附合导线和闭合导线是平面控制测量工作中常用的单导线布设方案，如图 3-8 和图 3-9 所示。其中闭合导线可以看作附合导线中已知点 A 和 D 重合、B 和 C 重合的特例。

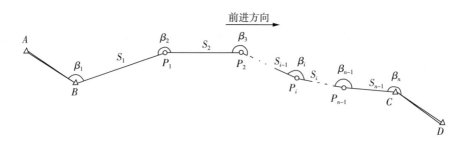

图 3-8 附合导线示意图

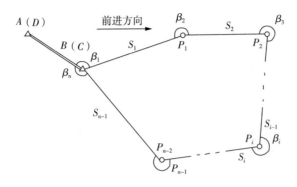

图 3 - 9　闭合导线示意图

在图 3 - 8 所示附合导线中，A、B、C、D 已知，平面坐标分别设为 $A(X_A, Y_A)$、$B(X_B, Y_B)$、$C(X_C, Y_C)$、$D(X_D, Y_D)$，有 $n-2$ 个待测点，命名为 P_i $(i=1, 2, \cdots, n-2)$。在导线上设 n 个测站，共观测了 n 个左角，大小为 $\beta_i (i=1, 2, \cdots, n)$；测了 $n-1$ 段距离，长度为 $S_i (i=1, 2, \cdots, n-1)$。

假定角度闭合差限差为 $f_{\beta 0}$，实测角度闭合差 $f_\beta = \sum_{i=1}^n \beta_i + n \times 180 - (\alpha_{CD} - \alpha_{AB})$，且 $|f_\beta| < f_{\beta 0}$，则角度观测值的改正数按角度闭合差平均配赋，为 $V_\beta = -\dfrac{f_\beta}{n}$，平差后的角度观测值为 $\hat{\beta}_i = \beta_i + V_\beta$。

根据平差后的角度观测值 $\hat{\beta}_i$，计算各测线沿测量走向的坐标方位角 $\alpha_i = \alpha_{AB} + \sum_{j=1}^i \beta_j + i \times 180$，计算各测线的坐标增量 $\begin{cases} \Delta x_i = S_i \cos \alpha_i \\ \Delta y_i = S_i \sin \alpha_i \end{cases}$，计算线路坐标

闭合差 $\begin{cases} f_x = \sum\limits_{i=1}^{n-1} \Delta x_i - (X_C - X_B) \\ f_y = \sum\limits_{i=1}^{n-1} \Delta y_i - (Y_C - Y_B) \end{cases}$，从而计算出线路距离闭合差 $f_s = \sqrt{f_x^2 + f_y^2}$。假定距离闭合差限差为 f_{s_0}，且 $f_s < f_{s_0}$，则各测线坐标增量的改正

数按距离线性配赋坐标闭合差 $\begin{cases} V_x^0 = -\dfrac{f_x}{\sum\limits_{i=1}^n S_i} \\ V_y^0 = -\dfrac{f_y}{\sum\limits_{i=1}^n S_i} \end{cases} \Rightarrow \begin{cases} V_{x_i} = S_i V_x^0 \\ V_{y_i} = S_i V_y^0 \end{cases}$

平差后的坐标增量为

$$\begin{cases} \Delta \hat{x}_i = \Delta x_i + V_{x_i} \\ \Delta \hat{y}_i = \Delta y_i + V_{y_i} \end{cases} (i = 1, 2, \cdots, n-1) \quad (3-20)$$

于是各待定点坐标平差值为

$$\begin{cases} \hat{X}_i = X_B + \sum_{j=1}^{i} \Delta \hat{x}_j \\ \hat{Y}_i = Y_B + \sum_{j=1}^{i} \Delta \hat{y}_j \end{cases} (i = 1, 2, \cdots, n-1) \quad (3-21)$$

对于图 3-9 所示的闭合导线，把计算附合导线闭合差公式中的 α_{CD} 赋值为 α_{BA}，X_C、Y_C、X_D 和 Y_D 分别赋值为 X_B、Y_B、X_A 和 Y_A 即可。

导线平面坐标增量是同时受到测角误差和测距误差影响的，距离误差的累积也并不一定遵循严格的线性规律。因此上述导线平面坐标平差的计算，与《误差理论与测量平差基础》中介绍的严密平差方法相比，可以被认为是一种近似计算。

五、附合导线近似平差计算算例

图 3-10 所示为一段附合导线示意图，A、B、C、D 是已知平面控制点，P_1、P_2 和 P_3 点是待定点。各点平面坐标、观测值与起始数值见表 3-3。求待定点的坐标平差值。

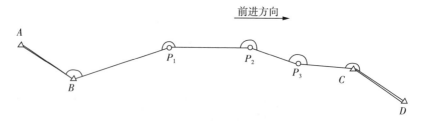

图 3-10 附合导线示意图

表 3-3 各点平面坐标、观测值与起始数值

点 号	观测角度（左角）	观测边长/m	已知坐标/m
A			$X_A = 181.544$，$Y_A = 19.642$
B	$186°35'22''$	86.090	$X_B = 167.810$，$Y_B = 219.170$

（续表）

点 号	观测角度（左角）	观测边长/m	已知坐标/m
P_1	163°31′14″	133.060	
P_2	184°39′01″	155.640	
P_3	194°22′31″	155.020	
C	163°02′47″		$X_C = 134.370$，$Y_C = 742.690$
D			$X_D = 154.699$，$Y_D = 1042.001$

取闭合差限差 $f_{\beta_0} = 40\sqrt{n}$，$f_{S_0} = 1/4000$，平差计算相关结果如下。

测站数：$n = 5$。限差：$f_{\beta_0} = 40\sqrt{n} = 89″$。角度闭合差：$f_\beta = 18″$。

角度改正数：$V_{\beta_0} = -3.6″$。

角度平差后坐标增量：

$$\Delta \boldsymbol{x} = [\,-15.7271 \quad 13.8033 \quad 3.5451 \quad -35.0541\,]$$

$$\Delta \boldsymbol{y} = [\,84.6413 \quad 132.3421 \quad 155.5996 \quad 151.0047\,]$$

距离闭合差：$f_x = 7.2\,\mathrm{mm}$，$f_y = 67.7\,\mathrm{mm}$，$f_S = 68.1\,\mathrm{mm}$。

距离相对闭合差：1/7783。

坐标改正数：

$$\boldsymbol{V}_x = [\,-1.2 \quad -1.8 \quad -2.1 \quad -2.1\,]$$

$$\boldsymbol{V}_y = [\,-11.0 \quad -17.0 \quad -19.9 \quad -19.8\,]$$

平差后待定点坐标：

$$[\boldsymbol{X} \quad \boldsymbol{Y}] = \begin{pmatrix} 152.082 & 303.800 \\ 165.883 & 436.125 \\ 169.426 & 591.705 \end{pmatrix}$$

六、实验步骤

1. 设计程序流程图

根据导线近似平差，设计程序流程图（图 3-11）。

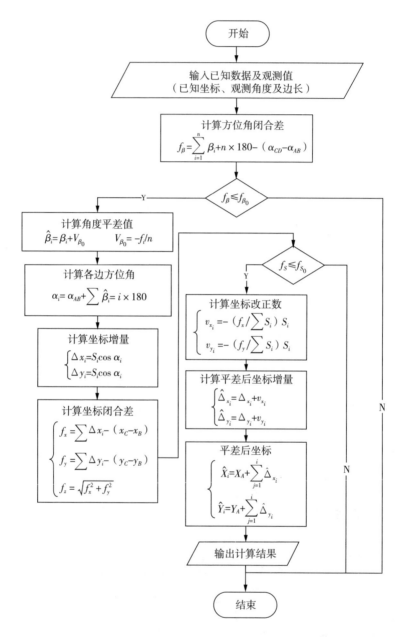

图 3-11 附合导线近似平差计算流程图

2. 编写代码

根据程序流程，编写实现代码。参考代码如下：

```
% * * * * * * * * * * * * *
% 输入已知值
% * * * * * * * * * * * * *
% 输入已知点坐标
XA = 181.544; YA = 19.642; XB = 167.810; YB = 219.170;
XC = 134.370; YC = 742.690; XD = 154.699; YD = 1042.001;
% 输入角度观测值
beta0 = 1.0:5.0;% 预分配数组
beta0 (1) = 186.3522; beta0 (2) = 163.3114; beta0 (3) = 184.3901;
beta0 (4) = 194.2231; beta0 (5) = 163.0247;
% 输入距离观测值
S = 1:4;% 预分配数组
S (1) = 86.090; S (2) = 133.060; S (3) = 155.640; S (4) = 155.020;


% * * * * * * * * * * * * *
% 近似平差计算
% * * * * * * * * * * * * *
% * * * * * * * * * * * * *
1 测角平差
% 角度值转化为弧度
beta = dms2hu (beta0);
% 角度转换为弧度
n = size (beta, 2);% 测站数
% 计算已知边方位角 alphaAB、alphaCD：取值范围 [0, 2pi]
deltaXAB = XB - XA; deltaYAB = YB - YA;
alphaAB = atan2 (deltaYAB, deltaXAB);% 取值范围 [-pi, pi]
if (alphaAB<0)
    alphaAB = alphaAB + 2 * pi;
end
deltaXCD = XD - XC; deltaYCD = YD - YC;
alphaCD = atan2 (deltaYCD, deltaXCD);
if (alphaCD<0)
    alphaCD = alphaCD + 2 * pi;
end
```

```matlab
% 计算方位角闭合差
fb = sum (beta) + n * pi - (alphaCD - alphaAB); % 角度闭合差
fb = dms2hu (hu2dms (fb)); % 归置到 [0, 2pi]
fb0 = 40 * sqrt (n); % 角度闭合差限差，单位秒
% 判断方位角闭合差是否超限
isOut = 0; % 是否超限标识 0：不超；1 超
if (fb > pi) % 角度闭合差为负值，归置到 [0, 2pi] 落在第 4 象限
    if (2 * pi - fb > dms2hu (fb0/10000.0))
        isOut = 1;
    end
else % 角度闭合差为正值
    if (fb > dms2hu (fb0/10000.0))
        isOut = 1;
    end
end
if (isOut = = 1) % 角度闭合差超限
    if (fb > pi) % 角度闭合差为负值，归置到 [0, 2pi] 落在第 4 象限
        fb = 2 * pi - fb;
        fb = - hu2s (fb);
    else
        fb = hu2s (fb);
    end
    fprintf ('角度闭合差超限! fb = % 3.1f " fb0 = % 3.1f " \ n', fb, fb0);
    return;
end
% 平均配赋角度闭合差
if (fb > pi) % 角度闭合差为负值
    Vb0 = (2 * pi - fb) /n;
else
    Vb0 = 2 * pi - fb/n;
end
betaAdj = beta + Vb0;
% 归置到 [0, 2pi]
for i = 1: n
```

```
        if （betaAdj （i） ＞2 ＊ pi）
            betaAdj （i） ＝ betaAdj （i） － 2 ＊ pi;
        end
end
% 计算各测线方位角
alpha = 1： n － 1；% 预分配数组
for i = 1： n － 1
        alpha （i） ＝ alphaAB ＋ sum （betaAdj （1： i）） ＋ i ＊ pi;
        alpha （i） ＝ dms2hu （hu2dms （alpha （i）））；% 归置到［0，2pi］
end
% ＊ ＊ ＊ ＊ ＊ ＊ ＊ ＊ ＊ ＊ ＊ ＊ ＊
2 测距平差
deltX ＝ S. ＊ cos （alpha）; deltY ＝ S. ＊ sin （alpha）;% 计算坐标增量
fx ＝ sum （deltX） － （XC － XB）;% X 方向闭合差
fy ＝ sum （deltY） － （YC － YB）;% Y 方向闭合差
fs ＝ sqrt （fx ＊ fx ＋ fy ＊ fy）;% 距离闭合差
% 距离闭合差超限
fs0 ＝ 4000. 0;
if （fs/sum （S） ＞1/fs0）
        fprintf （'距离闭合差超限! fs ＝ 1/ % 5.0f    fs0 ＝ 1/ % 5.0f ＼ n', floor （sum （S） /
fs）, fs0）;
        return;
end
% 按距离线性配赋坐标闭合差
Vx0 ＝ － fx/sum （S）; Vy0 ＝ － fy/sum （S）;
Vx ＝ S. ＊ Vx0; Vy ＝ S. ＊ Vy0;
deltXadj ＝ deltX ＋ Vx; deltYadj ＝ deltY ＋ Vy;% 平差后的坐标增量
% 计算坐标平差值
X ＝ 1： n; Y ＝ 1： n;% 预分配数组
X （1） ＝ XB; Y （1） ＝ YB;
for i ＝ 2： n
        X （i） ＝ XB ＋ sum （deltXadj （1： i － 1））;
        Y （i） ＝ YB ＋ sum （deltYadj （1： i － 1））;
end
```

```
% * * * * * * * * * * * * *
%输出计算成果
% * * * * * * * * * * * * *
clc;%清屏
fprintf ('- - - - - - - >>  已知数据  << - - - - - - -: \n');
fprintf ('已知点坐标: \nXA = %4.3f m, YA = %4.3f m; XB = %4.3f m, YB = %4.3f m; \n
', XA, YA, XB, YB);
fprintf ('XC = %4.3f m, YC = %4.3f m; XD = %4.3f m, YD = %4.3f m; \n', XC, YC, XD, YD);
fprintf ('观测角度 (dms): \n');
disp (beta0);
fprintf ('观测距离 (m): \n');
disp (S);
fprintf ('- - - - - - - >>  平差值计算数据  << - - - - - - - -: \n');
  if (fb>pi)
    fprintf ('角度闭合差: fb = - %3.1f" fb0 = %3.1f" \n', hu2s (2 * pi - fb), fb0);
else
    fprintf ('角度闭合差: fb = %3.1f" fb0 = %3.1f" \n', hu2s (fb), fb0);
end
if (Vb0>pi)
    fprintf ('角度改正数: Vb0 = - %3.1f" \n', hu2s (2 * pi - Vb0));
else
    fprintf ('角度改正数: Vb0 = %3.1f \n', hu2s (Vb0));
end
  fprintf ('角度平差后坐标方位角: \n');
  disp (hu2dms (alpha));
  fprintf ('角度平差后坐标增量: \n');
  fprintf ('deltX: \n');
  disp (deltX);
  fprintf ('deltY: \n');
  disp (deltY);
  fprintf ('距离闭合差: \nfx = %3.1f mm, fy = %3.1f mm  fs = %3.1f mm \n', fx *
1000, fy * 1000, fs * 1000);
  fprintf ('距离相对闭合差: fs = 1/%5.0f  限差: fs0 = 1/%5.0f \n', floor (sum
(S) /fs), fs0);
```

```
fprintf ('X 坐标改正数 (mm)：\ n');
disp (Vx * 1000);
fprintf ('Y 坐标改正数 (mm)：\ n');
disp (Vy * 1000);
fprintf ('距离平差后坐标增量：\ n');
fprintf ('deltXadj：\ n');
disp (deltXadj);
fprintf ('deltYadj：\ n');
disp (deltYadj);
fprintf ('待定点坐标：　　　X (m)　　　Y (m) \ n');
fprintf ('- - - - - - - - - - - - - - - - - - - - - - \ n');
fprintf ('　　P1：% 10. 3f % 10. 3f \ n', X (2), Y (2));
fprintf ('　　P2：% 10. 3f % 10. 3f \ n', X (3), Y (3));
fprintf ('　　P3：% 10. 3f % 10. 3f \ n', X (4), Y (4));
fprintf ('- - - - - - - - - - - - - - - - - - - - - - \ n');
fprintf ('- - - - - - >>　Over　<<- - - - - - - \ n');


% 子函数：度分秒数值转弧度
% dms：正值。小数点前为度；小数点后 2 位为分，1 分以 01 表示；小数点 3 位以后为秒值
% 如 123. 253619 表示：123 度 25 分 36. 19 秒
function r = dms2hu (dms)
d = floor (dms); % 取得度值
m = (dms - d) * 100. 0; % 取得分值秒值度数
m = floor (m); % 取得分值秒值度数
s = dms * 10000. 0 - d * 10000. 0 - m * 100. 0;
r = (d + m/60. 0 + s/3600. 0) * pi/180. 0; % 转为弧度
return


% 子函数：弧度转度分秒 [0，360)
% hu 正值
% 结果为 DMS 数值。如 123. 253619 表示：123 度 25 分 36. 19 秒
function r = hu2dms (hu)
d10 = hu * 180. 0/pi; % 转化为十进制
d10 = mod (d10，360); % 对超过 360 的角度值，归置到 [0，360)
```

```
d = floor (d10);%取得度值
m = floor ( (d10 - d) * 60.0);
s = d10 * 3600.0 - d * 3600.0 - m * 60.0;
r = d + m/100.0 + s/10000.0;
return


%子函数：弧度转秒
% hu 正值
function r = hu2s (hu)
r = hu * 180.0/pi * 3600.0;%转化为秒
return
```

七、上交成果

实验结束后将实验报告以个人为单位装订成册并上交。

八、问题思考及拓展

尝试通过文件读写方式读入已知数据，并保存计算结果。

实验 4 观测历元卫星瞬时坐标的计算

在利用全球导航卫星系统（Global Navigation Satellite System，GNSS）信号进行导航定位以及制订观测计划时，都必须已知 GNSS 卫星在空间的瞬时位置。

一、实验性质

本实验为验证性实验，实验时数可安排为 2 学时。

二、目的和要求

(1) 理解利用 GNSS 广播星历计算卫星瞬间坐标的过程。

(2) 学会编写程序以实现利用 GNSS 广播星历计算卫星瞬间坐标的过程。

三、计算机软件、硬件配置

(1) 计算机 1 台（操作系统：Win7 或更高版本。CPU：1.6 GHz 或更快处理器。内存：1 GB 以上。硬盘：4 GB 以上，至少 3 GB 可用硬盘空间，5400 RPM 硬盘驱动器。显示屏：DirectX9 视频卡，1280×1024 或更高显示分辨率。鼠标或其他指定设备。建议采用较高配置的计算机，这样有利于软件正常运行）。

(2) MATLAB 7.0 以上版本软件。

四、GNSS 卫星瞬间位置计算过程

GNSS 卫星的位置是根据卫星导航电文所提供的轨道参数按照一定的公式计算得到的。下面给出 GPS（全球定位系统）卫星位置计算的详细步骤。

1. 计算卫星运行的平均角速度 n

根据开普勒第三定律，卫星运行的平均角速度 n_0 可以用下式计算：

$$n_0 = \sqrt{G_M/a^3} = \sqrt{\mu}/(\sqrt{a})^3 \qquad (3-22)$$

式中，μ 为 WGS-84 坐标系中的地球引力常数，且 $\mu = 3.986005 \times 10^{14} \ \mathrm{m^3/s^2}$。平均角速度 n_0 加上卫星电文给出的摄动改正数 Δn，便得到卫星运行的平均角速度 n。

$$n = n_0 + \Delta n \qquad (3-23)$$

2. 计算归化时间 t_k

首先对观测时刻做 t' 卫星钟改正。

$$t = t' - \Delta t$$

$$\Delta t = a_0 + a_1(t' - t_{oc}) + a_2(t' - t_{oc})^2 \qquad (3-24)$$

然后将观测时刻 t 归化到 GPS 时系，

$$t_k = t - t_{oe} \qquad (3-25)$$

式中，t_k 称作相对于参考时刻 t_{oe} 的归化时间。

3. 观测时刻卫星平近点角 M_k 的计算

$$M_k = M_0 + nt_k \qquad (3-26)$$

式中，M_0 是卫星电文给出的参考时刻 t_{oe} 的平近点角。

4. 计算偏近点角 E_k

$$E_k = M_k + e\sin E_k (E_k，M_k \text{ 以弧度计}) \qquad (3-27)$$

上述方程可用迭代法进行计算，即先令 $E_k = M_k$，代入上式，求出 E_k 再代入上式计算，因为 GPS 卫星轨道的偏心率 e 很小，因此收敛快，只需迭代计算两次便可求得偏近点角 E_k。

5. 真近点角 V_k 的计算

由于

$$\cos V_k = (\cos E_k - e)/(1 - e\cos E_k) \qquad (3-28)$$

$$\sin V_k = (\sqrt{1-e^2} \cdot \sin E_k)/(1 - e\cos E_k) \qquad (3-29)$$

因此

$$V_k = \arctan[(\sqrt{1-e^2} \cdot \sin E_k)/(\cos E_k - e)] \qquad (3-30)$$

6. 升交距角 Φ_k 的计算

$$\Phi_k = V_k + \omega \qquad (3-31)$$

式中，ω 为卫星电文给出的近地点角距。

7. 摄动改正项 δ_u，δ_r，δ_i 的计算

$$\begin{cases} \delta_u = C_{uc} \cdot \cos(2\Phi_k) + C_{us} \cdot \sin(2\Phi_k) \\ \delta_r = C_{rc} \cdot \cos(2\Phi_k) + C_{rs} \cdot \sin(2\Phi_k) \\ \delta_i = C_{ic} \cdot \cos(2\Phi_k) + C_{is} \cdot \sin(2\Phi_k) \end{cases} \qquad (3-32)$$

式中，δ_u，δ_r，δ_i 分别为升交距角 u 的摄动量、卫星矢径 r 的摄动量和轨道倾角 i 的摄动量。

8. 计算经过摄动改正的升交距角 u_k、卫星矢径 r_k 和轨道倾角 i_k

$$\begin{cases} u_k = \Phi_k + \delta_u \\ r_k = a(1 - e\cos E_k) + \delta_r \\ i_k = i_0 + \delta_i + It_k \end{cases} \tag{3-33}$$

9. 计算卫星在轨道平面坐标系的坐标

卫星在轨道平面直角坐标系（X 轴指向升交点）中的坐标为

$$\begin{cases} x_k = r_k \cos u_k \\ y_k = r_k \sin u_k \end{cases} \tag{3-34}$$

10. 观测时刻升交点经度 Ω_k 的计算

升交点经度 Ω_k 等于观测时刻升交点赤经 Ω（春分点和升交点之间的角距）与格林尼治视恒星时 GAST（春分点和格林尼治起始子午线之间的角距）之差：

$$\Omega_k = \Omega - \text{GAST} \tag{3-35}$$

又因为

$$\Omega = \Omega_{oe} + \dot{\Omega} t_k \tag{3-36}$$

式中，Ω_{oe} 为参考时刻 t_{oe} 的升交点赤经；$\dot{\Omega}$ 是升交点赤经的变化率，卫星导航电文每小时更新 1 次 $\dot{\Omega}$ 和 t_{oe}。

此外，卫星导航电文提供了 1 周的开始时刻 t_w 的格林尼治恒星时 GAST_w。由于地球自转作用，GAST 不断增加，所以，

$$\text{GAST} = \text{GAST}_w + \omega_e t \tag{3-37}$$

式中，$\omega_e = 7.29211567 \times 10^{-5}$ rad/s 为地球自转的速率；t 为观测时刻。

由式（3-35）、（3-36）及（3-37）得

$$\Omega_k = \Omega_{oe} + \dot{\Omega} t_k - \text{GAST}_w - \omega_e t \tag{3-38}$$

由式（3-25）得

$$\Omega_k = \Omega_0 + (\dot{\Omega} - \omega_e) t_k - \omega_e t_{oe} \tag{3-39}$$

式中，$\Omega_0 = \Omega_{oe} - \text{GAST}_w$，$\Omega_0$、$\dot{\Omega}$、$t_{oe}$ 的值可从卫星导航电文中获取。

11. 计算卫星在地心固定坐标系中的直角坐标

把卫星在轨道平面直角坐标系中的坐标进行旋转变换，可得出卫星在地心固定坐标系中的三维坐标：

$$\begin{bmatrix} X_k \\ Y_k \\ Z_k \end{bmatrix} = \begin{Bmatrix} x_k \cos\Omega_k - y_k \cos i_k \sin\Omega_k \\ x_k \sin\Omega_k + y_k \cos i_k \cos\Omega_k \\ y_k \sin i_k \end{Bmatrix} \qquad (3-40)$$

以上是 GPS 卫星瞬间坐标的计算过程，BDS(北斗卫星导航定位系统)卫星瞬间坐标的计算原理类似，但 BDS 卫星坐标计算方法分为两大类：IGSO/MEO 卫星、GEO 卫星。两类卫星的计算方法仅在第 11 步略有区别，同时应注意北斗卫星导航定位系统的地球自转角速度以及万有引力常数与 GPS 系统的差异。

五、GPS 卫星坐标计算算例

算例内容可参考测绘出版社出版的《卫星定位原理与应用》(王坚，2023 版)第 51 页 3.6.5 节算例相关内容。

以 GPS 的 MEO 卫星为例，计算 2016 年 1 月 26 日 18 时 00 分 00 秒 GPS PRN07 卫星的位置。具体过程如下：

(1) 计算平均角速度 $n_0 = 1.4585343368 \times 10^{-4}$ rad/s，加上卫星导航电文给出的摄动改正项 Δn，计算卫星运行的平均角速度 $n = 1.458577381 \times 10^{-4}$ rad/s；

(2) 计算观测时刻卫星平近点角 M，$M = M_0 + n(t - t_{oe}) = 0.0828890583$；

(3) 计算卫星的偏近点角 $E = M + E\sin E$，经过迭代计算得到 $E = 0.0836443401$ rad；

(4) 计算得到卫星的真近点角 $f = 0.0844030548$ rad；

(5) 升交距角 $u' = \omega + f = -2.5966031439$ rad；

(6) 计算摄动改正项 δ_u，δ_r，δ_i，计算结果分别为 $8.7802009650 \times 10^{-6}$ rad，6.95815568255×10 rad，$9.9798896675 \times 10^{-8}$ rad；

(7) 计算经过摄动改正后的升交距角 u，卫星矢径 r 和轨道倾角 i，计算结果分别为 -2.5965943637 rad，26321211.148 m，0.9680585569 rad；

(8) 计算卫星在轨道平面直角坐标系的坐标(x, y)，计算结果为

-22508009.314 m，-13645353.533 m；

（9）计算得到升交点的赤经 $L=-1.6292$ rad；

（10）计算卫星在地固系下的坐标，计算结果为

-6407803.871 m，$22921.371.398$ m，-11240860.246 m。

六、实验步骤

（1）根据实验目的与要求，设计程序流程图，可参考图 3-12。

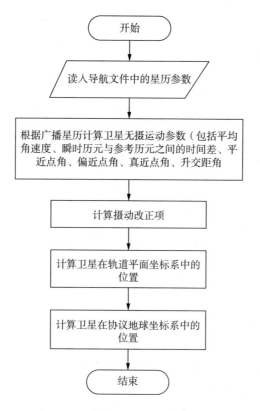

图 3-12　卫星坐标计算软件流程图

（2）编写代码，实现观测历元卫星瞬时坐标的计算。参考代码如下。

```
% 万有引力常数
GM = 3.986004418e14;
% 地球自转角速度，单位为 rad/s
Omegae_e = 7.2921151467e-5;
```

```
% 以下代码作用是对各计算参数赋值，也可以直接从 N 文件中读取
% af0，af1，af2 为钟差改正参数，分别表示钟差、频偏、频漂
af0    =  0.472222454846e-03;
af1    = -0.147792889038e-11;
af2    =  0;
% 参考时刻的平近点角
M0     =  0.828890583306e-01;
% 轨道长半径的平方根
roota  =  0.515367966270e04;
% 广播星历中的摄动改正项 Δn，单位为 rad
deltan =  0.430482217022e-08;
% 轨道偏心率
ecc    =  0.904021924362e-02;
% 近地点角距，单位为 rad
omega  = -0.268100619865e01;
% 轨道幅角的摄动参数，单位为 rad/s
cuc    = -0.890344381662e-06;
cus    =  0.103674829006e-04;
% 轨道半径的摄动参数，单位为 m
crc    =  0.180937500000e03;
crs    = -0.159062500000e02;
i0     =  0.968058457098;
% 轨道倾角的摄动参数，单位为 rad
cic    =  0.800937414169e-07;
cis    =  0.707805156708e-07;
% 轨道倾角变化率，单位为 rad/s
idot   = -0.615382776020e-09;
% 参考历元 toe 时刻的升交点赤经，单位为 rad
Omega0 =  0.313046209112e01;
% 升交点赤经变化率，单位为 rad/s
Omegadot = -0.801390523989e-08;
% 参考历元，单位为 s
toe    =  0.237600000000e06;
toc    = 237600;
```

```
% 观测时刻周内秒
t     = 237600;
% 开始计算
% 计算长半轴
A = roota^2;
% 计算观测历元到参考历元时间差
tk = t - toe;
half _ week = 302400;
tt = t;
if tk>   half _ week, tk = t - 2 * half _ week; end
if tk < - half _ week, tk = t + 2 * half _ week; end
% 计算平均角速度
n0 = sqrt (GM/A^3);
n = n0 + deltan;
% 计算平近点角
M = M0 + n * tk;
M = rem (M, 2 * pi);
% 迭代计算偏近点角
E = M;
for i = 1: 10
  E _ old = E;
  E = M + ecc * sin (E);
  dE = rem (E - E _ old, 2 * pi);
  if abs (dE) <1. e - 12
      break;
  end
end
E = rem (E, 2 * pi);
% 计算真近点角
fs = atan2 (sqrt (1. 0 - ecc * ecc) * sin (E), cos (E) - ecc);
% 计算纬度幅角参数
phi = fs + omega;
% 计算纬度幅角改正项
u = phi                + cuc * cos (2 * phi) + cus * sin (2 * phi);
```

```
%计算径向改正项
r = A * (1 - ecc * cos (E)) + crc * cos (2 * phi) + crs * sin (2 * phi);
%轨道倾角改正项
i = i0 + idot * tk    + cic * cos (2 * phi) + cis * sin (2 * phi);
%计算卫星在轨道平面中的坐标
x1 = cos (u) * r;
y1 = sin (u) * r;
%计算升交点赤经（地固系）
Omegak = Omega0 + (Omegadot - Omegae _ e) * t - Omegadot * toe;
Omegak = rem (Omegak, 2 * pi);
%计算卫星在地固系中的坐标
satpx = x1 * cos (Omegak) - y1 * cos (i) * sin (Omegak);
satpy = x1 * sin (Omegak) + y1 * cos (i) * cos (Omegak);
satpz = y1 * sin (i);
```

七、上交成果

实验结束后将实验报告以个人为单位装订成册并上交。

八、注意事项

在计算近点角 E_k 时注意采用迭代算法。

实验 5　GNSS 单点定位

一、实验性质

本实验为验证性实验，实验时数可安排为 2 学时。

二、目的和要求

（1）掌握 GNSS 伪距单点原理、计算的主要流程；

（2）以 GPS 为例，通过编程实现 GNSS 伪距单点定位，计算出 GNSS 接收机坐标并评定精度。

三、计算机软件、硬件配置

（1）计算机 1 台（操作系统：Win7 或更高版本。CPU：1.6 GHz 或更快处理器。内存：1 GB 以上。硬盘：4 GB 以上，至少 3 GB 可用硬盘空间，5400 RPM 硬盘驱动器。显示屏：DirectX9 视频卡，1280×1024 或更高显示分辨率。鼠标或其他指定设备。建议采用较高配置的计算机，这样有利于软件正常运行）。

（2）MATLAB 7.0 以上版本软件。

四、GNSS 单点定位概述

GNSS 卫星信号包含：载波、测距码、数据码。

测距码是用以测定从卫星至地面站（接收机）间的距离的一种二进制码序列。为方便计算，我们将从卫星至地面测站的距离简称为卫地距。利用测距码测定卫地间的伪距的基本原理如下：首先假设卫星钟和接收机钟均无误差，都能与标准的 GPS 时间严格保持同步。在某一时刻 t，卫星在卫星钟的控制下发出某一结构的测距码，与此同时接收机则在接收机钟的控制下产生或者复制出相同的测距码（以下简称复制码）。由卫星所产生的测距码经 Δt 时间的传播后到达接收机并被接收机所接收。由接收机所产生的复制码则经过一个时间延迟器记录的延迟时间 τ 后与接收到的卫星信号进行比对。如果这两个信号尚未对齐，就调整延迟时间 τ，直至这两个信号对齐为止。此时复制码的延迟时间 τ 就等于卫星信号的传播时间 Δt，将其乘以真空中的光速 c 后即可得卫地间的伪距 ρ：

$$\rho = \tau \cdot c = \Delta t \cdot c \tag{3-41}$$

由于卫星钟和接收机钟实际上均不可避免地存在误差，用上述方法求得的距离 ρ 将受到这两台钟不同步的误差影响；此外，卫星信号还需穿过电离层和对流层后才能到达地面测站，在电离层和对流层中信号的传播速度 $V \neq c$，所以据式（3-41）求得的距离 ρ 并不等于卫星至地面测站的真正距离，故称其为伪距。

伪距测量是以测距码作为量测信号的。采用码相关法时，其测量精度一般为码元宽度的百分之一。由于测距码的码元宽度较大，因此测量精度不高。以 GPS 为例，对精码而言测量精度约为 $\pm 0.3\ \mathrm{m}$，对 C/A 码而言测量精度则为 $\pm 3\ \mathrm{m}$ 左右，只能满足卫星导航和低精度定位的要求。

伪距观测的观测方程的实用形式如下：

$$\tilde{\rho}_i = \sqrt{(X^i - X)^2 + (Y^i - Y)^2 + (Z^i - Z)^2} - cV_{t_R} + cV_{t_i}^S - (V_{\mathrm{ion}})_i - (V_{\mathrm{trop}})_i$$

$$(3-42)$$

若测站的近似坐标为 $(X^0,\ Y^0,\ Z^0)$，将上式在 $(X^0,\ Y^0,\ Z^0)$ 处用泰勒级数展开后可得线性化的观测方程，方程如下：

$$\tilde{\rho}_i = \rho_i^0 - \frac{(X^i - X^0)}{\rho_i^0}V_X - \frac{(Y^i - Y^0)}{\rho_i^0}V_Y - \frac{(Z^i - Z^0)}{\rho_i^0}V_Z$$

$$- cV_{t_R} + cV_{t_i}^S - (V_{\mathrm{ion}})_i - (V_{\mathrm{trop}})_i \qquad (3-43)$$

式中，$\dfrac{(X^i - X^0)}{\rho_i^0} = l_i$，$\dfrac{(Y^i - Y^0)}{\rho_i^0} = m_i$，$\dfrac{(Z^i - Z^0)}{\rho_i^0} = n_i$ 为从测站近似位置至卫星 i 方向上的方向余弦；ρ_i^0 为从测站的近似位置至第 i 颗卫星间的距离。于是误差方程可表示为下列形式：

$$V_i = -l_i V_X - m_i V_Y - n_i V_Z - cV_{t_R} + L_i \qquad (3-44)$$

式中，常数项

$$L_i = \rho_i^0 - \tilde{\rho}_i + cV_{t_i}^S - (V_{\mathrm{ion}})_i - (V_{\mathrm{trop}})_i \qquad (3-45)$$

当接收到的卫星大于 4 颗时，根据式（3-44）可以实时计算出接收机的位置。利用单点定位方法进行动态定位时，由于每个载体位置只能进行一次观测，因此精度较低；利用单点定位方法进行静态定位时，由于点位可反复测定，当观测时间较长时可获得米级精度的定位结果。对于任一历元 t_i，由观测站同步观测 4 颗卫星，则 $j=1,\ 2,\ 3,\ 4$，上述式（3-43）为一个方程组，令 $c\delta t_k = \delta\rho$，则方程组形式如下：

$$
\begin{pmatrix} \rho_0^1 \\ \rho_0^2 \\ \rho_0^3 \\ \rho_0^4 \end{pmatrix} - \begin{pmatrix} l^1 & m^1 & n^1 & -1 \\ l^2 & m^2 & n^2 & -1 \\ l^3 & m^3 & n^3 & -1 \\ l^4 & m^4 & n^4 & -1 \end{pmatrix} \begin{pmatrix} \delta x \\ \delta y \\ \delta z \\ \delta \rho \end{pmatrix} = \begin{pmatrix} \rho'^1 + \delta\rho_1^1 + \delta\rho_2^1 - c\delta t^1 \\ \rho'^2 + \delta\rho_1^2 + \delta\rho_2^2 - c\delta t^2 \\ \rho'^3 + \delta\rho_1^3 + \delta\rho_2^3 - c\delta t^3 \\ \rho'^4 + \delta\rho_1^4 + \delta\rho_2^4 - c\delta t^4 \end{pmatrix} \tag{3-46}
$$

令

$$
A_i = \begin{pmatrix} l^1 & m^1 & n^1 & -1 \\ l^2 & m^2 & n^2 & -1 \\ l^3 & m^3 & n^3 & -1 \\ l^4 & m^4 & n^4 & -1 \end{pmatrix},
$$

$$
\delta X = (\delta x,\ \delta y,\ \delta z,\ \delta \rho)^{\mathrm{T}},
$$
$$
L^j = \rho'^j + \delta\rho_1^j + \delta\rho_2^j + c\delta t^j - \rho_0^j,
$$
$$
L_i = (L^1,\ L^2,\ L^3,\ L^4)^{\mathrm{T}}
$$

（3-46）式可简写为

$$
A_i \delta X + L_i = 0 \tag{3-47}
$$

当同步观测的卫星数多于 4 颗时，则须通过最小二乘平差求解，此时式（3-47）可写为误差方程组的形式：

$$
V_i = A_i \delta X + L_i \tag{3-48}
$$

根据最小二乘平差求解未知数：

$$
\delta X = -(A_i^{\mathrm{T}} A_i)^{-1} (A_i^{\mathrm{T}} L_i) \tag{3-49}
$$

未知数中误差：

$$
M_x = \sigma_0 \sqrt{q_{ii}} \tag{3-50}
$$

式中，M_x 为未知数中误差；σ_0 为伪距测量中误差；q_{ii} 为权系数阵 Q_x 主对角线上的相应元素。

在静态绝对定位的情况下，由于观测站固定不动，可以与不同历元同步观测不同的卫星，以 n 表示观测的历元数，忽略接收机钟差随时间变化的情况，由式（3-47）可得相应的误差方程式组：

$$
V = A\delta X + L \tag{3-51}
$$

式中，

$$
V = (V_1,\ V_2,\ \cdots,\ V_n)^{\mathrm{T}}
$$

$$\boldsymbol{A} = (A_1, \ A_2, \ \cdots, \ A_n)^{\mathrm{T}}$$

$$\boldsymbol{L} = (L_1, \ L_2, \ \cdots, \ L_n)^{\mathrm{T}}$$

$$\delta \boldsymbol{X} = (\delta x, \ \delta y, \ \delta z, \ \delta \rho)^{\mathrm{T}}$$

按最小二乘法求解得

$$\delta \boldsymbol{X} = - (\boldsymbol{A}^{\mathrm{T}} \boldsymbol{A})^{-1} \boldsymbol{A}^{\mathrm{T}} \boldsymbol{L} \qquad (3-52)$$

未知数的中误差仍按式(3-49)估算。

绝对定位的精度评价如下。

实际应用中，为了估算测站点的位置精度，常采用其在大地坐标系统中的表达形式。假设在大地坐标系统中相应点位坐标的协因数阵为

$$\boldsymbol{Q}_B = \begin{pmatrix} q'_{11} & q'_{12} & q'_{13} \\ q'_{21} & q'_{22} & q'_{23} \\ q'_{31} & q'_{32} & q'_{33} \end{pmatrix} \qquad (3-53)$$

根据方差与协方差的传播定律可得

$$\boldsymbol{Q}_B = \boldsymbol{R} \boldsymbol{Q}_x \boldsymbol{R} \qquad (3-54)$$

式中，

$$\boldsymbol{R} = \begin{pmatrix} -\sin B \cos L & -\sin B \sin L & \cos B \\ -\sin L & \cos L & 0 \\ \cos B \cos L & \cos B \cos L & \sin B \end{pmatrix}$$

$$\boldsymbol{Q}_x = \begin{pmatrix} q_{11} & q_{12} & q_{13} \\ q_{21} & q_{22} & q_{23} \\ q_{31} & q_{32} & q_{33} \end{pmatrix}$$

用权系数阵主对角线元素定义精度因子"DOP"后，则相应精度可表示为

$$M_x = \mathrm{DOP} \cdot \sigma_0 \qquad (3-55)$$

式中，σ_0 为等效距离误差。

空间位置精度因子

$$\mathrm{PDOP} = \sqrt{q_{11} + q_{22} + q_{33}} \qquad (3-56)$$

相应的三维定位精度

$$M_p = \text{PDOP} \cdot \sigma_0 \qquad (3-57)$$

一般来说，六面体的体积越大，所测卫星在空间的分布范围也越大；反之，六面体的体积越小，所测卫星的分布范围越小。实际观测中，为了减弱大气折射的影响，卫星高度角不能过低，所以必须在这一条件下，尽可能使所测卫星与观测站所构成的六面体的体积接近。

由于电离层误差会对定位结果造成较大的影响，因此编写程序时需要考虑电离层误差改正，这里采用克罗布歇(Klobuchar)改正模型。

影响 GPS 伪距观测值电离层改正的因素很多，如大地经纬度、卫星数目、卫星轨道、卫星运行状态、测区高程、测区气象条件、施测时段、卫星播发信息、信号传播和数据处理的物理延迟、太阳活动和其他各种不确定因素等。因此，建立其改正模型也就不太精确了。电离层延迟改正越好，其改正模型的复杂程度就越高，而一般中等复杂程度的改正模型对电离层的改正为 75% 左右，这是比较可行和有实际效果的。克罗布歇改正模型便是如此，所以它被大多数单频用户所采用。

这种模型把白天的电离层延迟看成余弦波中正的部分，而把晚上的电离延迟看成一个常数电离层改正模型，如图 3-13 所示。

可见一天地方时的 12~16 h 是电离层影响较大的时段，因此一般测量时应避开这个时段，其中晚间的电离层延迟量及余弦波的相位项均按常数来处理。而余弦波的振幅 A 和周期 P 则分别用一个三阶多项式来表示，即任一时刻 t 的电离层延迟 T_g（单位：秒）为

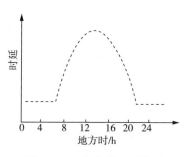

图 3-13　电离层改正模型

$$T_g = \begin{cases} 5.0 \times 10^{-9} + A \cdot \left[1 - \dfrac{x^2}{2} + \dfrac{x^4}{24} \right], & |x| < 1.57 \\ 5.0 \times 10^{-9}, & |x| \geqslant 1.57 \end{cases} \qquad (3-58)$$

式中，$x = \dfrac{2\pi(t-50400)}{P}$，是与周期 P 有关的相位值。而

$$A = \begin{cases} \displaystyle\sum_{n=0}^{3} \alpha_n \Psi_m^n, & A \geqslant 0 \\ A = 0, & A < 0 \end{cases} \qquad (3-59)$$

$$P = \begin{cases} \sum_{n=0}^{3} \beta_n \mathit{\Psi}_m^n, \ P \geqslant 72000 \\ A = 72000, P = 72000 \end{cases} \tag{3-60}$$

式中，α_n、β_n 共 8 个参数（α_0，α_1，α_2，α_3，β_0，β_1，β_2，β_3），这些参数是主控站根据两个条件从 370 组常数中选取出来的。这两个条件如下：① 一年中的第几天（共 37 组反映季节变化的常数）；② 前 5 d 太阳的平均辐射流量（共有 10 组数）。α_n 和 β_n 被编入导航电文向单频用户播发。

模型计算步骤如下。

（1）计算测站 p 与电离层穿刺点 p^1 的地心夹角 EA。

$$EA = \frac{0.0137}{el + 0.11} - 0.022 \tag{3-61}$$

式中，el 为卫星的高度角。

（2）计算穿刺点 p^1 的地心经纬度。

$$\varphi_p^1 = \varphi_p + EA \cdot \cos\alpha \tag{3-62}$$

$$\lambda_p^1 = \lambda_p + EA \cdot \sin\alpha / \cos\varphi_p^1 \tag{3-63}$$

（3）计算地方时 t。

若观测时的世界时为 sec（单位：GPS 周内秒），则地方时 t 为

$$t = 43200 \cdot \lambda_p^1 + sec \tag{3-64}$$

（4）计算 p^1 的地磁纬度 $\mathit{\Psi}_m$

根据地球的磁北极可推算穿刺点的地磁纬度：

$$\mathit{\Psi}_m = \varphi_p^1 + 0.064 \cdot \cos(\lambda_p^1 - 1.617) \tag{3-65}$$

将式（3-65）代入式（3-58）、（3-59）和（3-60）中即可计算出电离层延迟 T_g。

这样求得的 T_g 是信号从天顶方向来时的电离层延迟。当卫星的天顶距不等于零时，电离层延迟 T_g^1 应为倾斜方向电离层延迟，即

$$T_g^1 = F \cdot T_g \tag{3-66}$$

式中，F 为倾斜因子，其表达式为

$$F = 1.0 + 16.0 \cdot (0.53 - el)^3 \tag{3-67}$$

但是，式(3-66)计算得到的 T_g^1 值为 GPS 的 L_1 信号（频率 $f_1 = 1575.420$ MHz）上的电离层延迟值，若需计算其他信号频率 f 上电离层延迟值 $(T_g^1)_f$，则采用如下公式：

$$(T_g^1)_f = \frac{T_g^1}{f^2} \cdot f_1^2 \qquad (3-68)$$

如前所述，由于影响电离层折射的因素很多，而且其中的规律也不是很清楚，因此无法建立严格的数学模型，在此讨论的克罗布歇改正模型也只是一种经验计算公式。

对于单频 GPS 接收机用户，电离层是一个严重影响定位精度的误差源。在中纬度地区，周日最大值的月平均值高达 15 ns，可引起 45 m 的距离误差。经过几年的验证，世界上广泛认为运用克罗布歇改正模型确实是一种比较实用而有效的办法。特别是在中纬度地区，运用克罗布歇改正模型的效果更好，因为在该地区，电离层的电子浓度沿纬度方向梯度要比其他地区平缓和光滑。同时，对世界上电离层的研究也以中纬度地区最为成熟与透彻，在此条件下的模型理论推导和假设也就较可靠。此模型代表了电离层时间延迟的周日平均特性，它取决于纬度和一天内的时刻。模型确定了每天电离层影响最大的时间为当地时间的 14：00，这也符合中纬度地区的大量实验资料。我国处于北半球的中纬度地区，而克罗布歇改正模型改正电离层时间延迟的平均有效率在北半球中纬度地区为 50%，因而对我国的 GPS 测量的电离层改正是可靠和可行的。

五、编程思路

1. 设计程序流程图

根据 GPS 单点定位原理，设计程序流程（见图 3-14）。

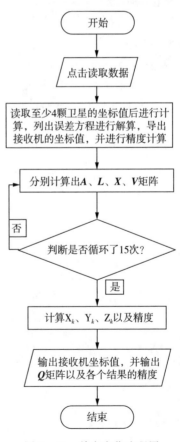

图 3-14　单点定位流程图

2. 编写代码

根据程序流程，编写实现代码。

1) 伪距单点定位代码示例

```
function [xSite, ySite, zSite, DOPs, sigma] = spp (xSat, ySat, zSat, xSite0,
ySite0, zSite0, rho, Vion, Vtrop, VCloc_sat, ele, az)
%% 输入：
% n颗卫星的坐标：(xSat, ySat, zSat)
% 测站近似位置：(xSite0, ySite0, zSite0, 可取值 (0, 0, 0))
% n颗卫星的伪距观测值：rho
% n颗卫星的电离层延迟值：Vion, 可采用 Klobuchar 模型计算
% n颗卫星的对流层误差值：Vtrop, 可采用对流层模型计算，如 Sasstamoinen 模型
% n颗卫星的卫星钟差：VCloc_sat, 可采用广播星历计算
% n颗卫星的高度角 ele 与方位角 az
%% 输出：
% 测站坐标：xSite, ySite, zSite
% DOPs：伪距单点定位的 DOP 值 (GDOP, PDOP, TDOP, HDOP, VDOP)
% sigma：伪距单点定位的单位权中误差


%% constants
CLIGNT = 299792458.0; % speed of light (m/s)
OMEG = 7.2921151467E-5; % earth angular velocity (IS-GPS) (rad/s)


x = xSite0; y = ySite0; z = zSite0;
iter = 0;
niter = 10; % 最多迭代 10 次
minEle = 0; % 截至最低高度角，单位：度
az1 = az;


% 初始化
nSat = length (xSat);
coeB = zeros (nSat, 4);
coeV = zeros (nSat, 1);
coeP = zeros (nSat, nSat); % weight
```

```
solut _ flag = 1; % 解算正确 = 0，解算错误 = 1
sigma0 = 0. 3;
dtr = 0;
whileiter< = niter
    solut _ flag = 1;
    nv = 0;
for i = 1： nSat
    % % 1. calculating the approximate range between satellite and station, and the di-
rectional cosine
    rho0 = sqrt ( ( xSat (i) − x) ^2 + ( ySat (i) − y) ^2 + ( zSat (i) − z) ^2);
    ls = − ( xSat (i) − x) /rho0;
    ms = − ( ySat (i) − y) /rho0;
    ns = − ( zSat (i) − z) /rho0;


% Sagnac 效应改正
% rho0 = rho0 + OMEG/CLIGNT ∗ ( xSat (i) ∗ y − ySat (i) ∗ x);


% 电离层改正，对流层改正和钟差改正
    rho0 = rho0 + ( Vion (i) + Vtrop (i) − VCloc _ sat (i));


    % % 2. forming the coefficient matrix
if ele (i) ～ = 0 && ele (i) <minEle
continue;
end
    nv = nv + 1;
    coeB (nv, 1： 4) = [ls, ms, ns, 1];
    coeV (nv, 1) = rho (i) − rho0;

    coeP (nv, 1： nSat) = 0;
    sigma1 = sigma0;
if ele (i) < = 60
        coeP (nv, nv) = sin ( ele (i) ∗ pi/180) /sigma1;
else
        coeP (nv, nv) = 1. 0/sigma1;
```

```
end

end % for i = 1: nSat


    % % 3. calculating the equation using LSP
if nv<4
        solut_flag = 1;
break;
end


    N = coeB (1: nv, 1: 4)'* coeP (1: nv, 1: nv) * coeB (1: nv, 1: 4);
    L = coeB (1: nv, 1: 4)'* coeP (1: nv, 1: nv) * coeV (1: nv, 1);
    dxyz = N \ L;


% 判断迭代阈值是否满足
if abs (dxyz (1)) <1. 0e - 4 && abs (dxyz (2)) <1. 0e - 4 && abs (dxyz (3)) <1. 0e - 4
        solut_flag = 0;
break;
end
    x = x + dxyz (1);
    y = y + dxyz (2);
    z = z + dxyz (3);


% 继续迭代
    iter = iter + 1;
end


ifsolut_flag = = 1 % 未计算成功返回零值
    xSite = 0; ySite = 0; zSite = 0;
return;
end
xSite = x; ySite = y; zSite = z;


% % 4. If successful, calculating the dilution of precision
```

```
M = coeB (1: nv, 1: 4) '* coeP (1: nv, 1: nv) * coeB (1: nv, 1: 4);
Q = inv (M);
GDOP = sqrt (Q (1, 1) + Q (2, 2) + Q (3, 3) + Q (4, 4));
PDOP = sqrt (Q (1, 1) + Q (2, 2) + Q (3, 3));
TDOP = sqrt (Q (4, 4));


% 计算转移矩阵 R
[B, L, ~] = xyz _ blh ( xSite, ySite, zSite);
B = B * pi/180; L = L * pi/180;

R = [- sin (B) * cos (L), - sin (B) * sin (L), cos (B);
      - sin (L),          cos (L),             0;
     cos (B) * cos (L),   cos (B) * sin (L), sin (B)];


Q _ B = R'* Q (1: 3, 1: 3) * R;
HDOP = sqrt (Q _ B (1, 1) + Q _ B (2, 2));
VDOP = sqrt (Q _ B (3, 3));


DOPs (1: 5) = [GDOP, PDOP, TDOP, HDOP, VDOP];

% % 5. calculating the variance of unit weight
V = coeB (1: nv, 1: 4) * dxyz (1: 4) - coeV (1: nv, 1);
sigma = sqrt (V'* coeP (1: nv, 1: nv) * V/ (nv - 4));

end

function [ B, L, H ] = xyz _ blh ( X, Y, Z )
    Rad2Deg = 180. 0/pi;
    a = 6378137. 000000000;
    F _ wgs = 1. 0/298. 257223563;
    b = a * (1 - F _ wgs);

    B0 = 0;
    B1 = 0;
```

```
    N = 0；
    tem _ tanB = 0；
    tem _ ctgB = 0；
    tem _ var = 0；
    epsilou = 1. 0e - 10；
    E _ wgs = （b * b） / （a * a）；
    sqrofe = 1. 0 - E _ wgs；
    sqrofe = （a * a - b * b） / （a * a）；
    max _ iter = 10；
    xyp = sqrt （X * X + Y * Y）；
if （xyp~ = 0）
        L = atan2 （Y，X）；
else
        L = 0. ；
end

    H = sqrt （X * X + Y * Y + Z * Z） - a；
if （ （a + H） ~ = 0. ）
        B = atan2 （Z，xyp * （1. 0 - sqrofe * a/ （a + H）））；
else
        B = 0；
        L = L * Rad2Deg；
return；
end

if （xyp = = 0. ）
        H = abs （Z） - b；
        B = B * Rad2Deg；
        L = L * Rad2Deg；
return；
end

    niter = 0；
    H0 = 0. ；
```

```
      B0 = 0. ; N = 0;
while 1
        niter = niter + 1;
if ( niter > max _ iter )
break;
end


        N = a / sqrt ( 1. - sqrofe * sin (B) * sin (B) );
        H0 = H;
        B0 = B;
        H = xyp / cos (B) - N;


if ( ( N + H ) ~ = 0. )
            B = atan2 ( Z, xyp * ( 1. - sqrofe * N / ( N + H ) ) );
else
            B = 0. ;
break;
end


if ( abs ( B - B0 ) < 1. 0e - 11 && abs ( H0 - H ) < 1. 0e - 5 )
break;
end
end


    B = B * Rad2Deg; L = L * Rad2Deg;
end
```

2）Klobuchar 电离层模型代码示例

```
function [ ion ] = klobuchar ( lat, lon, height, sec, ele, azi, alpha, beta )
% * ionosphere model - - - - - - - - - - - - - - - - - - - - - - - - - - -
% * compute ionospheric delay by broadcast ionosphere model (klobuchar model)
% * args  : gtime _ t t        I   time (gpst)
% *              double * ion        I   iono model parameters {a0, a1, a2, a3, b0, b1,
b2, b3}
```

```
% *              double * pos      I   receiver position {lat, lon, h} (rad, m)
% *              double * azel     I   azimuth/elevation angle {az, el} (rad)
% * return : ionospheric delay (L1) (m)
% * - - - - - - - - - - - - - - - - - - - - - - - - - - - - - - - - - - - - - - * /

% klobuchar 电离层模型计算程序：L1 载波上的电离层延迟值，单位：米
% 输入参数：
% lat   纬度（单位：度）
% lon   经度（单位：度）
% height 高度（单位：米）
% sec 小时（周内秒）
% ele   高度角（单位：度）
% azi   高度角（单位：度）
% alpha 和 beta：klobuchar 模型的 8 个参数
clight = 299792458.0; % speed of light (m/s)
lat _ rad = lat * pi/180;
lon _ rad = lon * pi/180;
ele _ rad = ele * pi/180;
azi _ rad = azi * pi/180;

ifheight< - 1000 | | ele< = 0
    ion = 0.0;
return ;
end

alpha _ default = [0.1118e - 07, - 0.7451e - 08, - 0.5961e - 07, 0.1192e - 06];
beta _ difault = [0.1167e + 06, - 0.2294e + 06, - 0.1311e + 06, 0.1049e + 07];
alpha0 = alpha;
beta0 = beta;

ifsum (alpha0. * alpha0) < = 0 | | sum (beta0. * beta0) < = 0
    alpha0 = alpha _ default;
    beta0 = beta _ difault;
end
```

```
%/* earth centered angle(semi-circle)*/
psi=0.0137/(ele_rad/pi+0.11)-0.022;


%/* subionospheric latitude/longitude(semi-circle)*/
phi=lat_rad/pi+psi*cos(azi_rad);
ifphi>0.416
    phi=0.416;
elseifphi<-0.416
     phi=-0.416;
end
lam=lon_rad/pi+psi*sin(azi_rad)/cos(phi*pi);


%/* geomagnetic latitude(semi-circle)*/
phi=phi+0.064*cos((lam-1.617)*pi);


%/* local time(s)*/
tt=43200.0*lam+sec;
tt=tt-floor(tt/86400.0)*86400.0;%/* 0<=tt<86400 */


%/* slant factor */
%   f=1.0+16.0*pow(0.53-ele_rad/pi,3.0);
  f=1.0+16.0*(0.53-ele_rad/pi)*(0.53-ele_rad/pi)*(0.53-ele_rad/
pi);
%/* ionospheric delay */
amp=alpha0(1)+phi*(alpha0(2)+phi*(alpha0(3)+phi*alpha0(4)));
per=beta0(1)+phi*(beta0(2)+phi*(beta0(3)+phi*beta0(4)));
if amp<0
    amp=0;
end
if per<72000.0
    per=72000.0;
end
x=2.0*pi*(tt-50400.0)/per;
```

```
ion = clight * f * 5e - 9;


if abs (x) < 1.57
    ion = 5e - 9 + amp * (1.0 + x * x * (-0.5 + x * x/24.0));
    ion = clight * f * ion;
end


end
```

六、上交成果

实验结束后将实验报告以个人为单位装订成册并上交。

七、注意事项

(1) 伪距单点定位编程时采用迭代算法。

(2) 利用 Klobuchar 改正模型进行编程时注意角度单位。

实验 6　双像空间前方交会

一、实验性质

本实验为验证性实验，实验时数可安排为 2 学时。

二、目的和要求

（1）了解双像空间前方交会的基本原理；

（2）通过编程实现基于点投影系数法的双像空间前方交会计算过程，并输出计算结果。

三、计算机软件、硬件配置

（1）计算机 1 台（操作系统：Win7 或更高版本。CPU：1.6 GHz 或更快处理器。内存：1 GB 以上。硬盘：4 GB 以上，至少 3 GB 可用硬盘空间，5400 RPM 硬盘驱动器。显示屏：DirectX9 视频卡，1280×1024 或更高显示分辨率。鼠标或其他指定设备。建议采用较高配置的计算机，这样有利于软件正常运行）。

（2）MATLAB 7.0 以上版本软件。

四、概述

双像空间前方交会是摄影测量的基本问题之一，其基本目的是在完成单像空间后方交会之后，利用立体像对的外方位元素和同名像点坐标，计算投影系数、像空间辅助坐标系坐标和地面摄影测量坐标系坐标，其实质是确定同名光线的交点在物方坐标系下的三维空间直角坐标。空间前方交会的基本原理如下。

（1）由已知的外方位元素和像点坐标，根据公式（3-69）计算像空间辅助坐标。

$$\begin{bmatrix} X_1 \\ Y_1 \\ Z_1 \end{bmatrix} = \boldsymbol{R}_1 \begin{bmatrix} x_1 \\ y_1 \\ -f \end{bmatrix} \qquad (3-69)$$

（2）根据像片外方位线元素和公式（3-70）计算摄影基线分量。

$$\begin{cases} B_X = X_{S2} - X_{S1} \\ B_Y = Y_{S2} - Y_{S1} \\ B_Z = Z_{S2} - Z_{S1} \end{cases} \qquad (3-70)$$

（3）根据公式（3-71）计算点投影系数。

$$\begin{cases} N_1 = \dfrac{B_X Z_2 - B_Z X_2}{X_1 Z_2 - X_2 Z_1} \\ N_2 = \dfrac{B_X Z_1 - B_Z X_1}{X_1 Z_2 - X_2 Z_1} \end{cases} \qquad (3-71)$$

注意：计算投影系数只采用了公式（3-70）中的第1个和第3个方程，没有用到第2个方程。

（4）利用公式（3-72）计算地面点在地面摄影测量坐标系中的坐标。

$$\begin{bmatrix} X_A \\ Y_A \\ Z_A \end{bmatrix} = \begin{bmatrix} X_{S1} \\ Y_{S1} \\ Z_{S1} \end{bmatrix} + \begin{bmatrix} N_1 X_1 \\ N_1 Y_1 \\ N_1 Z_1 \end{bmatrix} = \begin{bmatrix} X_{S2} \\ Y_{S2} \\ Z_{S2} \end{bmatrix} + \begin{bmatrix} N_2 X_2 \\ N_2 Y_2 \\ N_2 Z_2 \end{bmatrix}$$

$$= \begin{bmatrix} X_{S1} \\ Y_{S1} \\ Z_{S1} \end{bmatrix} + \begin{bmatrix} B_X \\ B_Y \\ B_Z \end{bmatrix} + \begin{bmatrix} N_2 X_2 \\ N_2 Y_2 \\ N_2 Z_2 \end{bmatrix} \qquad (3-72)$$

注意：在计算地面坐标时，必须由 N_1、N_2 分别求出 Y 坐标，再取平均值得到 Y_A，如公式（3-73）所示。

$$Y_A = \frac{1}{2} \left[(Y_{S1} + N_1 Y_1) + (Y_{S2} + N_2 Y_2) \right] \qquad (3-73)$$

空间前方交会的计算步骤：首先，以 TXT 文件形式存放相片的内、外方位元素及同名像点坐标，读取内、外方位元素及同名像点坐标；其次，分别依据公式(3-69)、（3-70）和（3-73）计算同名像点的空间辅助坐标系坐标，左、右相片的投影系数 N_1、N_2 和同名像点对应的地面摄影测量坐标系坐标；最后，将中间结果、最终结果输出到 TXT 文件中。点投影系数法空间前方交会算法流程如图 3-15 所示。

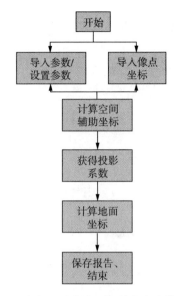

图 3-15　点投影系数法空间前方交会算法流程

五、代码示例

```
    clc, clear；%清理命令窗口和工作区间
format long g；%规定输出数据为长整型
x = ［17.383；- 4.706］/1000；y = ［8.396；6.444］/1000；%代入左右像片的同名像点
坐标
f = 0.1014；%主距 f
x0 = - 0.180/1000；y0 = 0；%内方位元素
Xs = ［50766.27048297550；51406.58175310970］；
Ys = ［85092.60204012240；85098.60787072870］；
Zs = ［2764.51598579742；2763.02759736577］；%代入左右两张像片外方位元素中的线元
素值
phi = ［0.00749335445825581；- 0.01158295898298480］；
omi = ［- 0.00699425949527119；0.01003605897533120］；
kap = ［- 0.00213195906904753；0.00849024086417501］；%代入左右两张像片外方位元素
中的角元素值
for i = 1：length (Xs)
a1 (i) = cos (phi (i)) * cos (kap (i)) - sin (phi (i)) * sin (omi (i)) * sin (kap
(i))；
```

```
a2 (i) = - cos (phi (i)) * sin (kap (i)) - sin (phi (i)) * sin (omi (i)) * cos
(kap (i));
a3 (i) = - sin (phi (i)) * cos (omi (i));
b1 (i) = cos (omi (i)) * sin (kap (i)); b2 (i) = cos (omi (i)) * cos (kap (i));
b3 (i) = - sin (omi (i));
c1 (i) = sin (phi (i)) * cos (kap (i)) + cos (phi (i)) * sin (omi (i)) * sin (kap (i));
c2 (i) = - sin (phi (i)) * sin (kap (i)) + cos (phi (i)) * sin (omi (i)) * cos
(kap (i));
c3 (i) = cos (phi (i)) * cos (omi (i));%计算旋转矩阵 R1, R2 中各系数
end
R1 = [a1 (1) a2 (1) a3 (1); b1 (1) b2 (1) b3 (1); c1 (1) c2 (1) c3 (1)];%旋转矩
阵 R1
R2 = [a1 (2) a2 (2) a3 (2); b1 (2) b2 (2) b3 (2); c1 (2) c2 (2) c3 (2)];%旋转矩
阵 R2
S1 = R1 * [x (1); y (1); - f];%把像空间坐标转换为像空间辅助坐标
X1 = S1 (1); Y1 = S1 (2); Z1 = S1 (3);
S2 = R2 * [x (2); y (2); - f];%把像空间坐标转换为像空间辅助坐标
X2 = S2 (1); Y2 = S2 (2); Z2 = S2 (3);
BX = Xs (2) - Xs (1); BY = Ys (2) - Ys (1); BZ = Zs (2) - Zs (1);%基线分量
N1 = (BX * Z2 - BZ * X2) / (X1 * Z2 - X2 * Z1);%点投影系数 N1 左片
N2 = (BX * Z1 - BZ * X1) / (X1 * Z2 - X2 * Z1);%点投影系数 N2 右片
detX = N1 * X1;
detY = (N1 * Y1 + BY + N2 * Y2) /2;
detZ = N1 * Z1;
XA = Xs (1) + detX;
YA = Ys (1) + detY;
ZA = Zs (1) + detZ;%计算地面点坐标值
XA, YA, ZA
```

六、上交成果

实验结束后将实验报告以个人为单位装订成册并上交。

实验 7　工程测量纵断面、横断面计算

一、实验性质

本实验为验证性实验，实验时数可安排为 2 学时。

二、目的和要求

(1) 了解纵、横断面计算的基本原理。
(2) 通过编程实现纵、横断面计算过程，并输出计算结果。

三、计算机软件、硬件配置

(1) 计算机 1 台（操作系统：Win7 或更高版本。CPU：1.6 GHz 或更快处理器。内存：1 GB 以上。硬盘：4 GB 以上，至少 3 GB 可用硬盘空间，5400 RPM 硬盘驱动器。显示屏：DirectX9 视频卡，1280×1024 或更高显示分辨率。鼠标或其他指定设备。建议采用较高配置的计算机，这样有利于软件正常运行）。
(2) MATLAB 7.0 以上版本软件。

四、概述

1. 程序基本原理

纵、横断面计算是工程测量中一项很重要的内容，其基本任务是绘制道路纵、横断面图，计算纵、横断面面积并计算施工的土石方数量。在本实验中，要求根据给定道路中心线上已知的 N 个关键点和散点数据，读取指定格式的数据文件，绘制 1 条纵断面、2 条横断面，并计算断面面积。纵、横断面示意图如图 3-16 所示，K_0，K_1，K_2 是道路中心线上的 3 个关键点，过这 3 个关键点构建纵断面。M_0 是 K_0、K_1 的中心点，M_1 是 K_1、K_2 的中心点，分别过 M_0 和 M_1 点绘制横断面。

数据文件内容和格式说明见表 3-4 所列，其中第 1 行数据为参考高程点名和参考高程值，第 2 行为 3 个关键点的点名，第 3 行和第 4 行为两个测试点，其余行为各散点的相关信息，格式为"点名，X 分量，Y 分量，高程 H"。

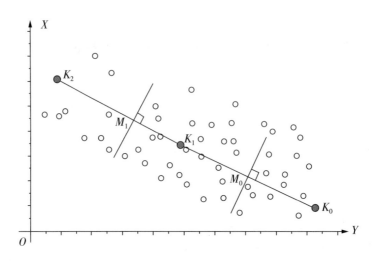

图 3－16 纵横断面示意图

表 3－4 数据文件内容和格式说明

数据内容	格式说明
H_0，15.000	参考高程点名，参考高程值
K_0，K_1，K_2	点名 1，点名 2，点名 3（3 个点为道路中心线上点，相应坐标见后面数据主体）
A，3552.028，3354.823 B，3537.910，3348.913	测试点名 A 和 B，X（m），Y（m）
K_0，3574.012，3358.300，22.922 P_{01}，3570.355，3382.210，20.558 ·········· P_{22}，4536.141，3378.766，19.502 K_1，4534.227，3380.195，19.925 ·········· P_{41}，3509.525，3431.290，20.478 P_{42}，3578.863，3327.300，23.678 K_2，3497.844，3403.422，20.836	点名，X（m），Y（m），H（m）

2. 程序核心算法

1）内插点高程值计算方法

采用反距离加权法求内插点 P 的高程，其具体计算方法如下。

（1）以点 $P(x, y)$ 为圆心，寻找最近的 n 个离散点 $Q_i(x_i, y_i)$，形成点集 Q（在计算过程中 n 取 5）。

（2）计算 P 到 Q 中每一个已知点 Q_i 的距离 d_i，计算公式为

$$d_i = \sqrt{(x - x_i)^2 + (y - y_i)^2} \tag{3-74}$$

（3）设 $Q_i(x_i, y_i)$ 的高程为 h_i，计算 P 点的内插高程，计算公式为

$$h = \frac{\sum_{i=1}^{n} (h_i/d_i)}{\sum_{i=1}^{n} (1/d_i)} \tag{3-75}$$

2）断面面积计算方法

已知梯形两点 P_i、P_{i+1} 间的平面投影距离为 ΔL_i，基准高程为 h_0，P_i、P_{i+1} 点的高程分别为 h_i、h_{i+1}，则梯形的面积为

$$S_i = \frac{(h_i + h_{i+1} - 2h_0)}{2} \Delta L_i \tag{3-76}$$

将断面所有梯形的面积进行累加即可得到最后的总面积。

3）纵断面长度计算

根据道路中心线上的 $n+1$ 个关键点 K_0，K_1，$\cdots$，K_n，形成道路纵断面。已知 $K_i(x_i, y_i)$，$K_{i+1}(x_{i+1}, y_{i+1})$，可以计算它们之间的距离，公式为

$$D_i = \sqrt{(x_{i+1} - x_i)^2 + (y_{i+1} - y_i)^2} \tag{3-77}$$

纵断面的总长度为

$$D = \sum_{i=0}^{n-1} D_i \tag{3-78}$$

4）内差点平面坐标计算

在纵断面上，从起点 K_0 开始，每隔 Δ 内插一个点，记为 Z_i，形成纵断面上的内插点序列。当插值点 Z_i 在 K_0、K_1 直线上时，Z_i 点的坐标为

$$\begin{cases} x_i = x_0 + L_i \cos\alpha_{01} \\ y_i = y_0 + L_i \sin\alpha_{01} \end{cases} \tag{3-79}$$

式中，α_{01} 为 $K_0 K_1$ 的方位角；L_i 是待插点 Z_i 距离点 K_0 的平面投影距离。当插值点在 K_j，K_{j+1} 直线上时，P_i 点的坐标为

$$\begin{cases} x_i = x_j + (L_i - D_0)\cos(\alpha_{j,j+1}) \\ y_i = y_j + (L_i - D_0)\sin(\alpha_{j,j+1}) \end{cases} \tag{3-80}$$

式中，$\alpha_{j,j+1}$ 为 K_j，K_{j+1} 的坐标方位角；L_i 是待插点 P_i 和 K_0 之间沿中心线的平面投影距离；D_0 是 K_j 和 K_0 之间沿中心线的平面投影距离。

5）计算横断面插值点平面坐标和高程

过横断面中间点 M_i，分别向直线 K_0，$\cdots$，K_n 作垂线，两边各延伸 25 m，得到 n 个横断面。过 M 点的横断面的坐标方位角为 α_{Mi}，计算公式为

$$\alpha_{Mi} = \alpha_{i,i+1} + 90° \tag{3-81}$$

过 M 点横断面的内插点 N_i 的平面坐标为

$$\begin{cases} x_j = x_{Mi} + j\Delta\cos(\alpha_M) \\ y_j = y_{Mi} + j\Delta\sin(\alpha_M) \end{cases} \quad (j = -5, \cdots, -1, 1, \cdots, 5) \tag{3-82}$$

五、示例代码

```
    clear; clc;
Delta = 10;
delta2 = 5;
VerticalS = 0;
D = 0;
CrossS (1) = 0;
% 读取输入数据文件
fid = fopen ('data. txt', 'r');
ScatterPts (2) = struct ('name', '', 'x', 0, 'y', 0, 'h', 0);
KeyPts (2) = struct ('name', '', 'x', 0, 'y', 0, 'h', 0);
TestPts (2) = struct ('name', '', 'x', 0, 'y', 0, 'h', 0);
% 获取基准高程
data = split (fgetl (fid), ', ');
H0 = str2double (data (2));
% 获取中心线关键点点名
data = split (fgetl (fid), ', ');
for i = 1: length (data)
    KeyPts (i) . name = data (i);
end
```

```matlab
% 获取测试点点名及平面坐标
data = split (fgetl (fid), ', ');
TestPts (1) . name = data (1);
TestPts (1) . x = str2double (data (2));
TestPts (1) . y = str2double (data (3));
%
data = split (fgetl (fid), ', ');
TestPts (2) . name = data (1);
TestPts (2) . x = str2double (data (2));
TestPts (2) . y = str2double (data (3));
AziTest = CalAzimuth (TestPts (1), TestPts (2));

while length (data) ~ = 4
    data = split (fgetl (fid), ', ');
end
% 获取离散点点名和平面坐标 (x, y) 和高程 (h)
i = 1;
while 1
    bool = IsKeyPt (data (1), KeyPts);
    if bool>0
        KeyPts (bool) . name = data (1);
        KeyPts (bool) . x = str2double (data (2));
        KeyPts (bool) . y = str2double (data (3));
        KeyPts (bool) . h = str2double (data (4));
    else
        ScatterPts (i) . name = data (1);
        ScatterPts (i) . x = str2double (data (2));
        ScatterPts (i) . y = str2double (data (3));
        ScatterPts (i) . h = str2double (data (4));
        i = i + 1;
    end
    try
        data = split (fgetl (fid), ', ');
    catch
```

```
            break;
        end
end
% 定义结构体变量
VerticalSection (2) = struct ('name', '', 'x', 0, 'y', 0, 'h', 0);
CrossSection (1, 11) = struct ('name', '', 'x', 0, 'y', 0, 'h', 0);
% 计算纵断面面积
Azi (length (KeyPts) - 1) = 0;
Dist (length (KeyPts) - 1) = 0;
for i = 1: length (KeyPts) - 1
    Azi (i) = atan2 (KeyPts (i + 1) .y - KeyPts (i) .y, KeyPts (i + 1) .x - KeyPts
(i) .x);
    Dist (i) = CalDist (KeyPts (i + 1), KeyPts (i));
    D = D + Dist (i);
    VerticalS = VerticalS + Dist (i) * (KeyPts (i) .h + KeyPts (i + 1) .h - 2 * H0) /2;
end
% 计算内插点平面坐标和高程
i = 1;
count = 2;
line = Delta;
VerticalSection (1) = KeyPts (1);
while i < = length (KeyPts) - 1
    while line < Dist (i)
        VerticalSection (count) .x = KeyPts (i) .x + line * cos (Azi (i));
        VerticalSection (count) .y = KeyPts (i) .y + line * sin (Azi (i));
        VerticalSection (count) .h = IDW (VerticalSection (count), [ScatterPts,
KeyPts], 5);
        VerticalSection (count) .name = strcat ('V-', num2str (count - i));
        line = line + Delta;
        count = count + 1;
    end
    VerticalSection (count) = KeyPts (i + 1);
    count = count + 1;
    line = line - Dist (i);
```

```
        i = i + 1;
end
% 计算横断面中心点平面坐标和高程
for i = 1: length (KeyPts) - 1
    CrossSection (i, 6) .x = (KeyPts (i) .x + KeyPts (i + 1) .x) /2;
    CrossSection (i, 6) .y = (KeyPts (i) .y + KeyPts (i + 1) .y) /2;
    CrossSection (i, 6) .h = IDW (CrossSection (i, 6), [ScatterPts, KeyPts], 5);
    CrossSection (i, 6) .name = strcat ('M', num2str (i - 1));
end
% 计算横断面内插点平面坐标和高程
for i = 1: length (KeyPts) - 1
    for j = - 5: 5
        if j = = 0
            continue;
        end
        CrossSection (i, j + 6) .name = strcat ('N', num2str (j));
        CrossSection (i, j + 6) .x = CrossSection (i, 6) .x - j * delta2 * sin (Azi
(i));
        CrossSection (i, j + 6) .y = CrossSection (i, 6) .y + j * delta2 * cos (Azi
(i));
        CrossSection (i, j + 6) .h = IDW (CrossSection (i, j + 6),  [ScatterPts,
KeyPts], 5);
    end
    CrossS (i) = 0;
    for j = 1: 10
        CrossS (i) = CrossS (i) + (CrossSection (i, j) .h + CrossSection (i, j +
1) .h - 2 * H0) * delta2/2;
    end
end
fclose ('all');
%
% 反距离加权法计算内差点高程
%
function h = IDW (p, pts, n)
```

```
dists (length (pts)) = 0;
for i = 1: length (pts)
    dists (i) = CalDist (p, pts (i));
end
[~, indexs] = sort (dists);
d_ = 0;
hd = 0;
for i = 1: n
    d_ = d_ + 1/dists (indexs (i));
    hd = hd + pts (indexs (i)) .h/dists (indexs (i));
end
h = hd/d_;
```

六、上交成果

实验结束后将实验报告以个人为单位装订成册并上交。

实验 8　高斯投影程序

一、实验性质

本实验为验证性实验，实验时数可安排为 2 学时。

二、目的和要求

（1）掌握高斯投影正、反算的基本原理；
（2）通过编程实现高斯投影坐标正、反算。

三、计算机软件、硬件配置

（1）计算机 1 台（操作系统：Win7 或更高版本。CPU：1.6 GHz 或更快处理器。内存：1 GB 以上。硬盘：4 GB 以上，至少 3 GB 可用硬盘空间，5400 RPM 硬盘驱动器。显示屏：DirectX9 视频卡，1280×1024 或更高显示分辨率。鼠标或其他指定设备。建议采用较高配置的计算机，这样有利于软件正常运行）。

（2）MATLAB 7.0 以上版本软件。

四、概述

高斯-克吕格投影分带规定：该投影是国家基本比例尺地形图的数学基础，为控制变形，采用分带投影的方法，在比例尺 1∶25 000～1∶500 000 图上采用 6°分带，对比例尺为 1∶10 000 及大于 1∶10 000 的图采用 3°分带。

6°分带法：从格林尼治零度经线起，每 6°为一个投影带，全球共分为 60 个投影带，东半球从东经 0°～6°为第一带，中央经线为 3°，以此类推，投影带号为 1～30。其投影带号 n 和中央经线经度 L_0 的计算公式为 $L_0 = (6n-3)°$。西半球投影带从 180°回算到 0°，编号为 31～60，投影带号 n 和中央经线经度 L_0 的计算公式为 $L_0 = 360° - (6n-3)°$。

3°分带法：从东经 1°30′起，每 3°为一个投影带，将全球划分为 120 个投影带，东经 1°30′—4°30′，…，178°30′—西经 178°30′，…，1°30′—东经 1°30′。

东半球有 60 个投影带，编号为 1～60，各带中央经线计算公式 $L_0 = 3°n$，中央经线为 3°、6°、…、180°。西半球有 60 个投影带，编号为 1~60，各带中央经线计算公式 $L_0=360°-3°n$，中央经线为西经 177°、…、3°、0°。我国规定将各带纵坐标轴西移 500 公里，即将所有 y 值加上 500 公里，在坐标值前再加各带带号。以 18 带为例，原坐标值为 $y=243353.5$，西移后为 $y=743353.5$，加带号通用坐标为 $y=18743353.5$。

1. 高斯投影坐标正算公式

已知椭球面上某点的大地坐标 $(L，B)$，该点在高斯投影平面上的直角坐标为 $(x，y)$，即 $(L，B) \Rightarrow (X，Y)$ 的坐标转换。

投影必须满足的条件：

（1）中央子午线投影后为 x 坐标轴；

（2）中央子午线投影后长度不变；

（3）投影具有正形性质，即正投影条件。

正投影过程如下：在椭球上有对称于中央子午线的两点 P_1 和 P_2，它们的大地坐标分别为 $(L，B)$ 及 $(l，b)$，其中 l 为椭球面上 p 点的经度与中央子午线的经度 L_0 之差 $(l=L-L_0)$，P 点在中央子午线之东，l 为正，在西则为负，则投影后的平面坐标一定为 $P_1'(X，Y)$ 和 $P_2'(X，Y)$。

高斯投影正算计算公式如下。

下面是适用于电算的高斯投影正算公式

$$x=X+\frac{N}{2}\sin B\cos B \cdot l^2+\frac{N}{24}\sin B\cos^3 B\ (5-t^2+9\eta^2+4\eta^4)\ l^4$$

$$+\frac{N}{720}\sin B\cos^5 B\ (61-58t^2+t^4)\ l^6 \qquad (3-83)$$

$$y=N\cos B \cdot l+\frac{N}{6}\cos^3 B\ (1-t^2+\eta^2)\ l^3$$

$$+\frac{N}{120}\cos^5 B\ (5-18t^2+t^4+14\eta^2-58\eta^2 t^2)\ l^5 \qquad (3-84)$$

2. 高斯投影坐标反算公式

已知某点的高斯投影面上直角坐标 $(x，y)$，求该点在椭球面上的大地坐标 $(L，B)$，即 $(x，y) \Rightarrow (L，B)$ 的坐标变换。

投影变换必须满足的条件：

（1）x 坐标轴投影成中央子午线，是投影的对称轴；

（2）x 轴上的长度投影保持不变；

（3）投影具有正形性质，即正形投影条件。

根据 x 计算纵坐标在椭球面上的投影的底点纬度，接着计算纬度 B 及经差 l，最后得到该点的大地坐标 (B, L)。

$$B=B_f-\frac{V_f^2 t_f\left[\left(\dfrac{y}{N_f}\right)^2-\dfrac{1}{12}(5+3t_f^2+\eta_f^2-9\eta_f^2 t_f^2)\left(\dfrac{y}{N_f}\right)^4-\dfrac{1}{360}(61+90t_f^2+45t_f^4)\left(\dfrac{y}{N_f}\right)^6\right]}{2}$$

$$(3-85)$$

$$l=\frac{\left(\dfrac{y}{N_f}\right)-\dfrac{1}{6}(1+2t_f^2+\eta_f^2)\left(\dfrac{y}{N_f}\right)^3+\dfrac{1}{120}(5+28t_f^2+24t_f^4+6\eta_f^2+8\eta_f^2 t_f^2)\left(\dfrac{y}{N_f}\right)^5}{\cos B_f}$$

$$(3-86)$$

五、代码示例

```
clear all;
clc;
B = 32; % 纬度
L = 121; % 经度
L0 = 123; % 中央经线纬度
l = L - L0;
l = deg2rad (l);
B = deg2rad (B);
a = 6378137;
f = 1/298.257223563;
b = a - a * f;
c = a^2/b;
e = sqrt (a^2 - b^2) /a;
e1 = sqrt (a^2 - b^2) /b;
p = 3600 * 180/pi;
Beta0 = 1 - (3/4) * e1^2 + (45/64) * e1^4 - (175/256) * e1^6 + (11025/16384) * e1^8;
Beta2 = Beta0 - 1;
Beta4 = (15/32) * e1^4 - (175/384) * e1^6 + (3675/8192) * e1^8;
Beta6 = - (35/96) * e1^6 + (735/2048) * e1^8;
```

```
Beta8 = (315/1024) * e1^8;
Xb0 = c * (Beta0 * (B) + sin (B) * (Beta2 * cos (B) + Beta4 * cos (B) ^3 + Beta6 * cos
(B) ^5 + Beta8 * cos (B) ^7));
Np = a/sqrt (1 - (e * sin (B)) ^2);
m0 = l * cos (B);
t = tan (B);
in2 = (e1) ^2 * cos (B) ^2;
x = Xb0 + (1/2) * Np * t * m0^2 + (1/24) * (5 - t^2 + 9 * in2 + 4 * in2^2) * Np * t * m0^4 +
(1/720) * (61 - 58 * t^2) * Np * t * m0^6;
y = Np * m0 + (1/6) * (1 - t^2 + in2) * Np * m0^3 + (1/120) * (5 - 18 * t^2 + t^4 + 14 *
in2 - 58 * t^2 * in2) * Np * m0^5 + 500000;
下面是转换后的结果：(x, y)
3543601        310996.8
```

六、上交成果

实验结束后将实验报告以个人为单位装订成册并上交。

七、注意事项

注意角度单位度、分、秒与弧度之间的转换。

实验 9　遥感图像平滑与锐化程序

一、实验性质

本实验为验证性实验，实验时数可安排为 2 学时。

二、目的和要求

(1) 掌握遥感图像平滑与锐化的原理与方法。
(2) 掌握通过编程实现遥感图像平滑与锐化的方法。

三、计算机软件、硬件配置

(1) 计算机 1 台（操作系统：Win7 或更高版本。CPU：1.6 GHz 或更快处理器。内存：1 GB 以上。硬盘：4 GB 以上，至少 3 GB 可用硬盘空间，5400 RPM 硬盘驱动器。显示屏：DirectX9 视频卡，1280×1024 或更高显示分辨率。鼠标或其他指定设备。建议采用较高配置的计算机，这样有利于软件正常运行）。
(2) MATLAB 7.0 以上版本软件。

四、概述

任何一幅遥感图像，在获取和传输过程中，都不可避免地受到各种噪声的干扰，使图像质量下降，图像模糊，特征缺失，给遥感图像的解译带来不利影响。为抑制噪声、改善图像质量所进行的处理称为图像平滑或去噪。此外，在图像的判读或识别中常需要突出边缘和轮廓信息，图像锐化就是用来增强图像的边缘或轮廓的。图像平滑通过积分过程使图像边缘模糊，而图像锐化通过微分过程使图像边缘突出、清晰。

1. 遥感图像平滑方法

近年来，随着计算机技术的发展，大量遥感图像平滑方法被提出和应用，如局部平滑法、均值滤波法、中值滤波法以及空间低通滤波法等。下面以空间低通滤波法为例，介绍遥感图像平滑的具体过程。

空间低通滤波法是一种应用模板卷积方法对图像的每一个像素进行局部处理

的方法。模板（或掩膜）就是一个滤波器，设点(x, y)的灰度值为$f(x, y)$，它的响应为$H(r, s)$，于是滤波输出的数字图像$g(x, y)$可以用离散卷积表示

$$g(x, y) = \sum_{r=-k}^{k} \sum_{s=-l}^{l} f(x-r, y-s) H(r, s) \qquad (3-87)$$

式中，$x, y = 0, 1, 2, \cdots, N-1$；$k$、$l$根据所选邻域大小来决定。

具体过程如下：

（1）将模板在图像中按从左到右、从上到下的顺序移动，将模板中心与每一个像素依次重合（边缘像素除外）；

（2）将模板中的各个系数与其对应的像素一一相乘，并将所有的结果相加；

（3）将（2）中的结果赋给图像中对应模板中心位置的像素。

对于空间低通滤波而言，采用的是低通滤波器。由于模板尺寸小，因此具有计算量小、使用灵活、适于并行计算等优点。常用的3×3低通滤波器有

$$\boldsymbol{H}_1 = \frac{1}{9} \begin{bmatrix} 1 & 1 & 1 \\ 1 & 1 & 1 \\ 1 & 1 & 1 \end{bmatrix}, \quad \boldsymbol{H}_2 = \frac{1}{10} \begin{bmatrix} 1 & 1 & 1 \\ 1 & 2 & 1 \\ 1 & 1 & 1 \end{bmatrix}, \quad \boldsymbol{H}_3 = \frac{1}{16} \begin{bmatrix} 1 & 2 & 1 \\ 2 & 4 & 2 \\ 1 & 2 & 1 \end{bmatrix} \qquad (3-88)$$

模板不同，邻域内各像素重要程度也不同。但不管什么样的模板，必须保证全部权系数之和为1，这样可保证输出图像灰度值在许可范围内，不会产生灰度"溢出"现象。

2. 遥感图像锐化方法

与遥感图像平滑相反，遥感图像锐化主要是为了突出边缘和轮廓信息，主要方法包括梯度锐化法、Laplacian（拉普拉斯）增强算子、Sobel（索贝尔）算子以及空间高通滤波法等。下面以空间高通滤波法为例，介绍遥感图像锐化的具体过程。

空间高通滤波法就是在空间域用高通滤波算子和图像卷积来增强边缘。其具体过程与空间低通滤波法基本一致，主要区别为滤波器的参数不同。常用的3×3空间高通滤波器有

$$\boldsymbol{H}_1 = \begin{bmatrix} 0 & -1 & 0 \\ -1 & 5 & -1 \\ 0 & -1 & 0 \end{bmatrix}, \quad \boldsymbol{H}_2 = \begin{bmatrix} 1 & -2 & 1 \\ -2 & 5 & -2 \\ 1 & -2 & 1 \end{bmatrix} \qquad (3-89)$$

五、代码示例

1. 遥感图像平滑示例代码

```
close all;
clear;
clc;
% 图像空间低通滤波
I = imread ('RSimg. tif');% 读取保存路径下的单波段遥感图像，灰度级为 [0, 255]
J = imnoise (I, 'salt & pepper', 0.1);% 加入椒盐噪声，参数默认为 0.05，为噪声的百分比
H1 = [1 1 1; 1 1 1; 1 1 1] /9;    % 常用的 3 * 3 低通滤波器（模板）
H2 = [1 1 1; 1 2 1; 1 1 1] /10;
H3 = [1 2 1; 2 4 2; 1 2 1] /16;
[x, y] = size (J);% 获取遥感图像的大小
g1 = zeros (x, y);% 定义输出图像
g2 = zeros (x, y);
g3 = zeros (x, y);
% 低通滤波处理
for i = 2: x - 1
        for j = 2: y - 1
                temp = J (i - 1: i + 1, j - 1: j + 1);
                temp1 = double (temp) . * H1;
                g1 (i, j) = round (sum (temp1 (:)));
                temp2 = double (temp) . * H2;
                g2 (i, j) = round (sum (temp2 (:)));
                temp3 = double (temp) . * H3;
                g3 (i, j) = round (sum (temp3 (:)));
        end
end
g1 = uint8 (g1);
g2 = uint8 (g2);
g3 = uint8 (g3);
subplot (2, 3, 1); imshow (I); title ('原图');
subplot (2, 3, 2); imshow (J); title ('加入椒盐噪声图');
subplot (2, 3, 3); imshow (g1); title ('H1');
subplot (2, 3, 4); imshow (g2); title ('H2');
subplot (2, 3, 5); imshow (g3); title ('H3');
```

2. 遥感图像锐化示例代码

```
close all;
clear;
clc;
%图像空间高通滤波
I = imread ('RSimg.tif');%读取保存路径下的单波段遥感图像, 灰度级为 [0, 255]
J = double (I);
H1 = [0 -1 0; -1 5 -1; 0 -1 0];    %常用的 3 * 3 高通滤波器 (模板)
H2 = [1 -2 1; -2 5 -2; 1 -2 1];
[x, y] = size (J);%获取遥感图像的大小
g1 = zeros (x, y);%定义输出图像
g2 = zeros (x, y);
g3 = zeros (x, y);
%高通滤波处理
for i = 2: x - 1
        for j = 2: y - 1
            temp = J (i - 1: i + 1, j - 1: j + 1);
            temp1 = double (temp) . * H1;
            g1 (i, j) = round (sum (temp1 (:)));
            temp2 = double (temp) . * H2;
            g2 (i, j) = round (sum (temp2 (:)));
        end
end
g1 = uint8 (g1);
g2 = uint8 (g2);
subplot (1, 3, 1); imshow (I); title ('原图');
subplot (1, 3, 2); imshow (g1); title ('H1');
subplot (1, 3, 3); imshow (g2); title ('H2');
```

六、上交成果

实验结束后将实验报告以个人为单位装订成册并上交。

七、注意事项

运行结果以 TIF 格式保存。

实验 10　遥感图像直方图均衡化程序

一、实验性质

本实验为验证性实验，实验时数可安排为 2 学时。

二、目的和要求

（1）掌握遥感图像直方图均衡化原理；

（2）掌握通过编程实现遥感图像直方图均衡化方法。

三、计算机软件、硬件配置

（1）计算机 1 台（操作系统：Win7 或更高版本。CPU：1.6 GHz 或更快处理器。内存：1 GB 以上。硬盘：4 GB 以上，至少 3 GB 可用硬盘空间，5400 RPM 硬盘驱动器。显示屏：DirectX9 视频卡，1280×1024 或更高显示分辨率。鼠标或其他指定设备。建议采用较高配置的计算机，这样有利于软件正常运行）。

（2）MATLAB 7.0 以上版本软件。

四、概述

灰度直方图反映了数字图像中每一个灰度级与其出现频率间的统计关系。它能描述该图像的概貌，例如图像的灰度范围、每个灰度级的出现频率、灰度级的分布、整幅图像的平均明暗和对比度等，为图像的进一步处理提供了重要依据。由于大多数自然图像的灰度分布集中在较窄的区间内，因此图像细节不够清晰。采用直方图均衡化处理可使图像的灰度间距拉开或使灰度分布均匀，从而增大反差，使图像细节清晰，达到增强图像的目的。

直方图均衡化是将原图像通过某种变换，得到一幅灰度直方图均匀分布的新图像的方法，其示意图如图 3-17 所示，其中左图为均衡化前的直方图，右图为均衡化后的直方图。下面介绍直方图均衡化的具体过程。

假设图像的灰度级为归一化至范围 [0，1] 内的连续量，并令 $p_r(r)$ 表示某给定图像中的灰度级的概率密度函数，其下标用来区分输入图像和输出图像的概

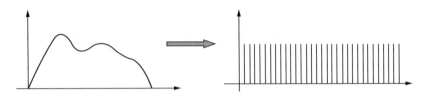

图 3-17 直方图均衡化示意图

率密度函数。我们对输入灰度级执行如下变换，得到输出灰度级 s。

$$s = T(r) = \int_0^r p_r(w)\, dw \tag{3-90}$$

式中，w 是累计的哑变量。根据直方图均衡化的原理可知输出灰度级的概率密度函数是均匀的，即

$$p_s(s) = \begin{cases} 1, & 0 \leqslant s \leqslant 1 \\ 0, & \text{其他} \end{cases} \tag{3-91}$$

换言之，前述变换生成一幅图像，该图像的灰度级较为均衡，且覆盖了整个范围$[0, 1]$。灰度级均衡化处理的最终结果是一幅扩展了动态范围的图像，它具有较高的对比度。注意，该变换函数只不过是一个累积分布函数。

一般来说，使用直方图并调用直方图均衡化技术来处理离散灰度级时，处理后的图像的直方图将不再均匀，这源于变量的离散属性。令 $p_r(r_j)(j = 1,$ $2, \cdots, L)$ 表示与给定图像的灰度级相关的直方图，归一化直方图中的各值大致是图像取各灰度级的概率。对于离散的灰度级，我们采用求和方式，且均衡化变换变为

$$s_k = T(r_k) = \sum_{j=1}^k p_r(r_j) = \sum_{j=1}^k \frac{n_j}{n} \tag{3-92}$$

式中，$k = 1, 2, \cdots, L$；s_k 是输出图像中的亮度值，它对应于输入图像中的亮度值 r_k；n 表示图像中的像素总数；n_j 表示第 j 个灰度级的像素个数。

五、代码示例

```
close all;
clear;
clc;
% 直方图均衡化示例
```

```
I = imread ('RSimg. tif');%读取保存路径下的真彩色遥感图像，灰度级为［0，255］
figure;
subplot (2，3，1);         % 在窗口中排列图像
imshow (I);          % 显示图像
title ('原始图像');         % 赋标题

J = rgb2gray (I);         % 转化为灰度图
subplot (2，3，2);
imshow (J);
title ('原图像灰度图');

subplot (2，3，5);
imhist (J);
title ('灰度直方图');

subplot (2，3，6);
H = histeq (J);         % 对灰度直方图均衡化处理
imhist (H);
title ('直方图均衡化');

subplot (2，3，3);
imshow (H);
title ('均衡化后的图像');
```

六、上交成果

实验结束后将实验报告以个人为单位装订成册并上交。

七、注意事项

运行结果以 TIF 格式保存。

实验 11 生成凸包多边形

一、实验性质

本实验为验证性实验，实验时数可安排为 2 学时。

二、目的和要求

（1）掌握两种凸包多边形的生成方法——Graham's Scan 法（葛立恒扫描法）和快速凸包法；

（2）通过编程实现两种凸包多边形的生成。

三、计算机软件、硬件配置

（1）计算机 1 台（操作系统：Win7 或更高版本。CPU：1.6 GHz 或更快处理器。内存：1 GB 以上。硬盘：4 GB 以上，至少 3 GB 可用硬盘空间，5400 RPM 硬盘驱动器。显示屏：DirectX9 视频卡，1280×1024 或更高显示分辨率。鼠标或其他指定设备。建议采用较高配置的计算机，这样有利于软件正常运行）。

（2）MATLAB 7.0 以上版本软件。

四、概述

基于离散点数据生成凸包多边形是构建不规则三角网或者规则格网并进行体积计算的必要前提。目前，两种凸包多边形生成方法较为常用：Graham's Scan 法和快速凸包法。Graham's Scan 法依次判定相邻 3 个离散点之间夹角变化来构建凸包多边形，而快速凸包法则按照顺时针方向/逆时针迭代寻找最左侧/右侧的直线终点来生成凸包多边形。

1. Graham's Scan 法

Graham's Scan 法生成凸包多边形主要包括寻找基点、离散点，按夹角大小排序，以及利用夹角的转向筛选凸包点等步骤。

1）寻找基点以及对离散点排序

基点 P_0 及散点排序如图 3-18 所示，从离散点中寻找 y 值最小点，作为基

点 P_0。若存在多个 y 值最小点，则取其中 x 值最小点作为基点 P_0。构建以 P_0 为起点、其余离散点 P_k 为终点的向量 $\overrightarrow{P_0P_k}$。计算每个向量 $\overrightarrow{P_0P_k}$ 与坐标轴 x 轴的夹角，并对夹角进行排序；对于夹角大小相同的离散点，只保留离基点 P_0 最远的点，由此生成了排序后的离散点序列 Q_k（$k=1$，2，…）。

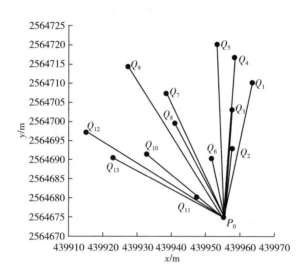

图 3 - 18　基点 P_0 及散点排序

2）筛选凸包点

从离散点集 Q 中取出前 3 个离散点 Q_1（x_1，y_1）、Q_2（x_2，y_2）和 Q_3（x_3，y_3），构建两相邻向量 $\overrightarrow{Q_2Q_1}$ 和 $\overrightarrow{Q_2Q_3}$，并按照下式计算两向量的叉积 m：

$$m=(x_1-x_2)(y_3-y_2)-(y_1-y_2)(x_3-x_2) \tag{3-93}$$

若 $m>0$，则向量 $\overrightarrow{Q_2Q_1}$ 到向量 $\overrightarrow{Q_2Q_3}$ 为左转；若 $m<0$，则向量 $\overrightarrow{Q_2Q_1}$ 到向量 $\overrightarrow{Q_2Q_3}$ 为右转。

（1）若为右转，则保留离散点 Q_2，同时移动到下一组离散点序列 Q_2（x_2，y_2）、Q_3（x_3，y_3）和 Q_4（x_3，y_3），组成向量 $\overrightarrow{Q_3Q_2}$ 和 $\overrightarrow{Q_3Q_4}$，重复步骤 2）；

（2）若为左转，则将离散点 Q_2 剔除，Q_3 与上两个离散点组成新的离散点序列 P_0、Q_1（x_1，y_1）和 Q_3（x_3，y_3），组成向量 $\overrightarrow{Q_1P_0}$ 和 $\overrightarrow{Q_1Q_3}$，重复步骤 2），直至 Q_3 与上两个散点组成的向量为右转为止。

由离散点序列 Q_1（x_1，y_1）、Q_2（x_2，y_2）和 Q_3（x_3，y_3）组成的向量为左转，剔除 Q_2，需要进一步判定由序列 P_0、Q_1（x_3，y_3）和 Q_3（x_3，y_3）组成的

向量是否为左转或右转，由示意图 3-19 可知为右转，则移动到下一个离散点 Q_4 (x_4, y_4)。由于由离散点 Q_1 (x_3, y_3)，Q_3 (x_3, y_3) 和 Q_4 (x_4, y_4) 组成的向量为左转，剔除离散点 Q_3 (x_3, y_3)，进一步判定由离散点 P_0、Q_1 (x_3, y_3) 和 Q_4 (x_3, y_3) 组成的向量为右转，则保留离散点 Q_1 (x_1, y_1)（注：经过排序后，离散点 Q_1 一定为凸包点），移动至新的离散点 Q_5 (x_5, y_5)，直至所有的离散点处理完毕，由此得到凸包多边形（见图 3-20）。

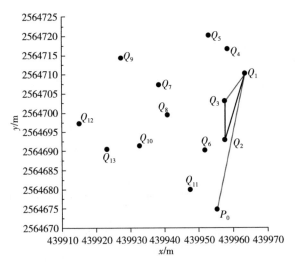

图 3-19　向量左转（Q_1、Q_2 和 Q_3）/右转（P_0、Q_1 和 Q_3）示意图

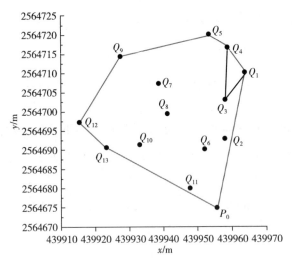

图 3-20　凸包多边形示意图

2. 快速凸包法

快速凸包法按照顺时针方向/逆时针方向遍历离散点，迭代寻找最左侧/右侧直线终点来构建凸包多边形，主要包括查找四边形顶点和迭代寻找最左侧/右侧直线终点。

1）查找四边形顶点

在所有离散点序列中，分别找到 x 值的最大值 x_{max} 与最小值 x_{min}，以及 y 值的最大值 y_{max} 与最小值 y_{min} 作为四边形的 4 个顶点。P_1 和 P_3 分别是离散点序列中 x 的最小值 x_{min} 与最大值 x_{max} 所对应的两个散点，P_2 和 P_4 分别是离散点序列中 y 的最大值 y_{max} 与最小值 y_{min} 所对应的两个散点，由此构成了四边形（见图 3 - 21）。

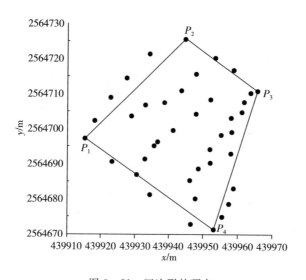

图 3 - 21　四边形的顶点

2）迭代寻找最左侧/右侧直线终点

按照顺时针方向迭代寻找最左侧直线终点作为凸包点，即 $\overrightarrow{P_1P_2}$—$\overrightarrow{P_2P_3}$—$\overrightarrow{P_3P_4}$—$\overrightarrow{P_4P_1}$。同理，按照逆时针方向则是寻找最右侧直线终点作为凸包点，本书不再详述。

（1）从直线 $\overrightarrow{P_1P_2}$ 开始，判断除四边形顶点外的其余离散点是否在直线 $\overrightarrow{P_1P_2}$ 的左侧，若在左侧则保留，存放在点集 Q 中。判断离散点 P（x，y）是否在直线 $\overrightarrow{P_1P_2}$ 左侧的计算公式为

$$m = x_1y_2 - x_2y_1 + x(y_1 - y_2) + y(x_2 - x_1) \tag{3-94}$$

若 $m>0$，则点 P (x, y) 在直线 $\overrightarrow{P_1P_2}$ 左侧；若 $m=0$，则点 P (x, y) 在直线 $\overrightarrow{P_1P_2}$ 上；若 $m<0$，则点 P (x, y) 在直线 $\overrightarrow{P_1P_2}$ 右侧。

（2）在直线 $\overrightarrow{P_1P_2}$ 的左侧点集 Q 中，找出距离直线 $\overrightarrow{P_1P_2}$ 最远的离散点，标记为 Q_1。判断点集 Q 中距离直线 $\overrightarrow{P_1P_2}$ 最远的点，可以由点集 Q 中任意一点 P (x, y) 与直线 $\overrightarrow{P_1P_2}$ 组成的三角形面积最大为原则，具体计算公式如下：

$$m=\frac{1}{2}\left| x\left(y_1-y_2\right)+x_1\left(y_2-y\right)+x_2\left(y-y_1\right)\right| \qquad (3-95)$$

直线 $\overrightarrow{P_1P_2}$ 的左侧包含 4 个离散点，其中 Q_1 是最远点（见图 3-22）。

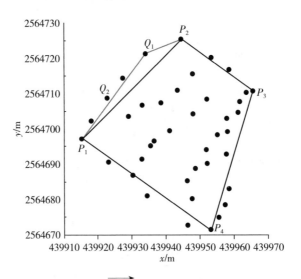

图 3-22　直线 $\overrightarrow{P_1P_2}$ 的左侧点集以及最远点 Q_1

（3）若直线左侧点集为空，则将直线终点作为凸包点存放。若直线左侧点集不为空，则继续将直线端点与最远点分别组成两条新的直线，继续按照步骤（1）和（2）在左侧点集 Q 中分别寻找两条新的直线左侧的点集以及最远点，直至直线的左侧点集为空，将直线终点作为凸包点存放。

直线 $\overrightarrow{P_1P_2}$ 的两个端点分别与最远点 Q_1 组成两条新的直线 $\overrightarrow{P_1Q_1}$ 和 $\overrightarrow{Q_1P_2}$（见图 3-23）。由于直线 $\overrightarrow{P_1Q_1}$ 左侧仍然存在 3 个离散点，继续按照步骤（2）寻找到最远点 Q_2。直线 $\overrightarrow{P_1Q_1}$ 的两个端点与最远点 Q_2 分别组成两条新的直线 $\overrightarrow{P_1Q_2}$ 和 $\overrightarrow{Q_2Q_1}$，继续按照步骤（1）寻找直线 $\overrightarrow{P_1Q_2}$ 和 $\overrightarrow{Q_2Q_1}$ 的左侧点集。在图 3-23 中，由于直线 $\overrightarrow{P_1Q_2}$ 和 $\overrightarrow{Q_2Q_1}$ 的左侧点集都为空，分别将两条直线的终点 Q_2 和 Q_1 作为凸

包点存放起来。直线 $\overrightarrow{Q_1P_2}$ 的左侧点集为空，则将直线终点 P_2 作为凸包点存放。至此，直线 $\overrightarrow{P_1P_2}$ 左侧点集筛选完毕，共寻找到 3 个凸包点 Q_2、Q_1 和 P_2。

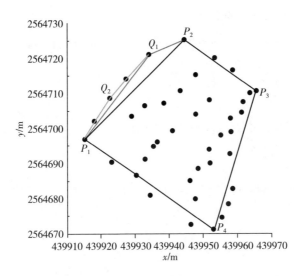

图 3-23　直线 $\overrightarrow{P_1Q_1}$ 的左侧点集以及最远点 Q_2

（4）按照步骤（1）（2）和（3）寻找直线 $\overrightarrow{P_2P_3}$、$\overrightarrow{P_3P_4}$ 和 $\overrightarrow{P_4P_1}$ 的左侧点集以及凸包点。最终利用快速凸包法生成凸包多边形（见图 3-24）。

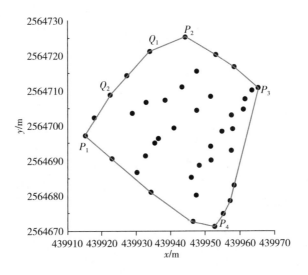

图 3-24　快速凸包法的凸包多边形示意图

五、代码示例

1. Graham's Scan 法示例代码

```
function [cvex_num, cvex_x, cvex_y, cvex_h] = convex_polygon (p_num, xs, ys, hs)
% Graham's Scan 法生成凸包多边形
% 输入:
% p_num, xs, ys, hs: 离散点的平面坐标和高程
% 注意 p_num 为 cell
% 输出:
% cvex_num, cvex_x 和 cvex_y, cvex_h: 按顺序存放的凸包多边形的点和高程

% 0. 初始化
n = length (xs);
cvex_x = zeros (1, n);
cvex_y = zeros (1, n);
cvex_h = zeros (1, n);
cvex_num = {};
% 1. 查找基点 P0
% 寻找 y 值最小的点, 若存在多个 y 值最小点, 则取 x 值最小的点

[min_y] = min (ys);
id_y = find (min_y - ys == 0);

[~, id_x] = min (xs (id_y));% 存在多个 y 值最小点

P0_x = xs (id_y (id_x)); P0_y = ys (id_y (id_x));

% 2. 按夹角大小对其余散点进行排序
alpha (1: n) = 0; ds (1: n) = 0;
fori = 1: n
    dy = ys (i) - P0_y;
    dx = xs (i) - P0_x;
```

```matlab
    ds (i) = sqrt (dy * dy + dx * dx); %散点至基点的距离

    alpha (i) = atan2 (dy, dx) * 180/pi;

end
%对 alpha 进行排序，排序后的角度、距离、坐标
[alpha_sort, idx_sort] = sort (alpha);
ds_sort = ds (idx_sort);
px_sort = xs (idx_sort);
py_sort = ys (idx_sort);
ph_sort = hs (idx_sort);
num_sort = p_num (idx_sort);


%存放散点
num = 1;
ps_num = {};
ps_x (1) = P0_x; %第一个点为基点及角度
ps_y (1) = P0_y;
alpha2 (1) = alpha_sort (1);
ds2 (1) = ds_sort (1);
ps_h (1) = ph_sort (1);
ps_num (1) = num_sort (1);


for i = 2: n %因为第一个点为基点的角度，夹角视为 0
if alpha_sort (i) = = alpha2 (num) %判断夹角是否相同
%如果相同，判断距离远近，如果距离较远，则替换先前的点
if (ds2 (num) < ds_sort (i))
        ds2 (num) = ds_sort (i);
        alpha2 (num) = alpha_sort (i);
        ps_x (num) = px_sort (i); %第一个点为基点及角度
        ps_y (num) = py_sort (i);
        ps_h (num) = ph_sort (i);
        ps_num (num) = num_sort (i);
end
```

```
else
```
% 如果不相同，散点数累积加 1，则为所需要的散点
```
        num = num + 1；
        alpha2 (num) = alpha _ sort (i)；
        ps _ x (num) = px _ sort (i)；% 第一个点为基点及角度
        ps _ y (num) = py _ sort (i)；
        ds2 (num) = ds _ sort (i)；
        ps _ h (num) = ph _ sort (i)；
        ps _ num (num) = num _ sort (i)；
end
end
```

% 3. 建立由凸包点构成的列表或堆栈 S
% 3.1　利用左转或者右转判定原则进行凸包点筛选
```
cvex _ x (1) = P0 _ x；% 存放基点
cvex _ y (1) = P0 _ y；
cvex _ h (1) = ps _ h (1)；
cvex _ num (1) = ps _ num (1)；
n0 = 1；

forj = 2：num - 1
```
% 构成向量 pjpi, pjpk
% pjpi p2p1
% pjpk p2p3
```
    n0 = n0 + 1；
    cvex _ x (n0) = ps _ x (j)；
    cvex _ y (n0) = ps _ y (j)；
    cvex _ h (n0) = ps _ h (j)；
    cvex _ num (n0) = ps _ num (j)；
```
% 叉积向量
```
    m = (cvex _ x (n0 - 1) - cvex _ x (n0)) * (ps _ y (j + 1) - cvex _ y (n0)) - (cvex
_ y (n0 - 1) - cvex _ y (n0)) * (ps _ x (j + 1) - cvex _ x (n0))；
if m＞0 % 左转
```
% pj 出栈，即 cvex _ x (n0) 和 cvex _ y (n0) 要被丢掉

```
        n0 = n0 - 1; % 之前的值会被覆盖

while (m>0) % 直到右转为止，退出循环
        m = (cvex_x (n0 - 1) - cvex_x (n0)) * (ps_y (j + 1) - cvex_y
(n0)) - (cvex_y (n0 - 1) - cvex_y (n0)) * (ps_x (j + 1) - cvex_x (n0));
if m>0 % 左转，继续剔除
        n0 = n0 - 1;
else % 右转
break;
end
end
else
% 右转，pk 入栈，即 cvex_x (n0) 和 cvex_y (n0) 中散点被保留，可以不做任何动作
end
end


% 可以判断最后一个点与基点是否是右转，一般来说都为右转
n0 = n0 + 1;
cvex_x (n0) = ps_x (num);
cvex_y (n0) = ps_y (num);
cvex_h (n0) = ps_h (num);
cvex_num (n0) = ps_num (num);
m = (cvex_x (n0 - 1) - cvex_x (n0)) * (cvex_y (1) - cvex_y (n0)) - (cvex_y
(n0 - 1) - cvex_y (n0)) * (cvex_x (1) - cvex_x (n0));
ifm>0 % 左转
  cvex_x (n0) = []; cvex_y (n0) = []; % 删除
  n0 = n0 - 1;
else
% 右转，pk 入栈，即 cvex_x (n0) 和 cvex_y (n0) 中散点被保留，可以不做任何动作
end


% 将基点再次加入
n0 = n0 + 1;
cvex_x (n0) = P0_x;
```

```
cvex _ y (n0) = P0 _ y;

cvex _ h (n0) = ph _ sort (1);

cvex _ num (n0) = ps _ num (1);


cvex _ x (n0 + 1: n) = [];

cvex _ y (n0 + 1: n) = [];

cvex _ h (n0 + 1: n) = [];


% 至此，凸包点选择完毕！
end
```

2. 快速凸包法示例代码

```
function [cvex _ num, cvex _ x, cvex _ y, cvex _ h] = fast _ convex _ polygon (p _ num,
xs, ys, hs)
% 利用快速凸包法生成凸包多边形
% 输入：
% p _ num, xs, ys, hs：离散点的平面坐标和高程
% 注意 p _ num 为 cell，即元胞数组
% 输出：
% cvex _ num, cvex _ x 和 cvex _ y, cvex _ h：按顺序存放的凸包多边形的点和高程


% 0. 初始化
n = length (xs);

cvex _ x = zeros (1, n);

cvex _ y = zeros (1, n);

cvex _ h = zeros (1, n);

cvex _ num = {};


% 1. 查找四个顶点 peak _ p, peak _ num 元胞 cell
% 寻找 x, y 值最小/最大的点
% 若存在多个 x 值或 y 值最小点，则取 y 值/x 值最小的点
% 若存在多个 x 值或 y 值最大点，则取 y 值/x 值最大
peak _ p = zeros (4, 3); peak _ num = {};
% 查找 p1
```

```matlab
[~, idx_min] = min (xs);
iflength (idx_min) >1 % 存在多个 x 值最小值点
    id = min (ys (idx_min));
    idx_min = idx_min (id);
end
peak_p (1, 1:3) = [xs (idx_min), ys (idx_min), hs (idx_min)]; peak_num {1}
= p_num {idx_min};


% 查找 p2
[~, idy_max] = max (ys);
iflength (idy_max) >1 % 存在多个 y 值最大值点
    id = max (xs (idy_max));
    idy_max = idy_max (id);
end
peak_p (2, 1:3) = [xs (idy_max), ys (idy_max), hs (idy_max)];
peak_num {2} = p_num {idy_max};


% 查找 p3
[~, idx_max] = max (xs);
iflength (idx_max) >1 % 存在多个 x 值最大值点
    id = max (ys (idx_max));
    idx_max = idx_max (id);
end
peak_p (3, 1:3) = [xs (idx_max), ys (idx_max), hs (idx_max)]; peak_num {3}
= p_num {idx_max};


% 查找 p4
[~, idy_min] = min (ys);
iflength (idy_min) >1 % 存在多个 y 值最小值点
    id = max (xs (idy_min));
    idy_min = idy_min (id);
end
peak_p (4, 1:3) = [xs (idy_min), ys (idy_min), hs (idy_min)]; peak_num {4}
= p_num {idy_min};
```

```matlab
% 2. 从原始的离散点序列中剔除四个顶点数据
% 预先存储先前离散点
px = xs；py = ys；ph = hs；p_nums = p_num；
fori = 1：length (peak_num)
for j = 1：length (px)% 剔除四个顶点数据
if p_nums {j} = = peak_num {i}
          px (j) = [];py (j) = [];
          ph (j) = [];p_nums (j) = [];
break;
end
end
end


% 3. 将左下角点放入凸包点集中 conv_p
conv_p = struct ([]);
conv_p (1) .x = peak_p (1, 1);conv_p (1) .y = peak_p (1, 2);conv_p (1) .h =
peak_p (1, 3);
conv_p (1) .num = peak_num (1);
% 迭代生成凸包点集
fori = 1：length (peak_p (:, 1))
    LP = struct ([]);
    Ta. x = peak_p (mod ((i-1), 4) +1, 1);Ta. y = peak_p (mod ((i-1), 4) +1,
2);
    Ta. h = peak_p (mod ((i-1), 4) +1, 3);Ta. num = peak_num (mod ((i-1), 4) +
1);

    Tb. x = peak_p (mod ((i), 4) +1, 1);Tb. y = peak_p (mod ((i), 4) +1, 2);
    Tb. h = peak_p (mod ((i), 4) +1, 3);Tb. num = peak_num (mod ((i), 4) +1);
    j = 1;
while j< = length (px)
        Tp. x = px (j);Tp. y = py (j);
        Tp. h = ph (j);Tp. num = p_nums (j);
if left_side (Ta, Tb, Tp)
          LP = [LP Tp];
```

```
            px (j) = []; py (j) = []; ph (j) = []; p_nums (j) = [];
            j = j - 1;
end
        j = j + 1;
end


    [conv_p] = get_convex_p (Ta, Tb, LP, conv_p);
end


n = length (conv_p);
fori = 1: n
    cvex_x (i) = conv_p (i) .x; cvex_y (i) = conv_p (i) .y;
    cvex_h (i) = conv_p (i) .h; cvex_num {i} = conv_p (i) .num;
end
cvex_x (n + 1: end) = []; cvex_y (n + 1: end) = [];
cvex_h (n + 1: end) = [];


% 至此，凸包点选择完毕！
end
function [conv_p] = get_convex_p (Ta, Tb, LPoint, conv_p1)
% 迭代获取凸包点：
% 1. 得到直线左侧的最远点
% 2. 然后直线与最远点组成两条直线
% 3. 继续得到两条直线左侧的最远点，然后重复 1 和 2 步骤，直到直线（头—尾）左边无
点集，则把尾放入凸包点集中


% 参数输入：
% 直线的首尾端点 Ta 和 Tb，都为点结构体：Ta. x, Ta. y, Ta. h, Ta. num
% 直线左侧的点 LPoint
% 参数输出：
% conv_p 凸包点集结构体


% 1. 在左侧点集找出面积最大的点
area = 0; idx_area = 0;
```

```
fori = 1: length (LPoint)
    s = abs (Ta.x * (Tb.y - LPoint (i).y) + Tb.x * (LPoint (i).y - Ta.y) + LPoint
(i).x * (Ta.y - Tb.y)) /2;
if s>area
        area = s;
        idx _ area = i;
end
end


ifidx _ area
% 从 LPoint 中剔除 LPoint (idx _ area) 数据
    Tp = LPoint (idx _ area);
    LPoint (idx _ area) = [];
% 分成两段直线，分别判断是否在左侧
    LP1 = struct ([]);
    LP2 = struct ([]);
for i = 1: length (LPoint)
if left _ side (Ta, Tp, LPoint (i))
            LP1 = [LP1 LPoint (i)];
end
if left _ side (Tp, Tb, LPoint (i))
            LP2 = [LP2 LPoint (i)];
end
end


% 迭代
    conv _ p = get _ convex _ p (Ta, Tp, LP1, conv _ p1);
    conv _ p = get _ convex _ p (Tp, Tb, LP2, conv _ p);
else % 左侧不存在点集，则将直线尾放入凸包点集中
    conv _ p = [conv _ p1 Tb];
end
end
```

六、上交成果

实验结束后将实验报告以个人为单位装订成册并上交。

七、注意事项

编写程序读写相应格式的数据文件，并保存凸包多边形的结果。

实验 12　离散点体积计算

一、实验性质

本实验为验证性实验，实验时数可安排为 2 学时。

二、目的和要求

（1）掌握两种离散点体积计算方法：规则格网法和不规则三角网法。

（2）通过编程实现两种离散点体积的计算。

三、计算机软件、硬件配置

（1）计算机 1 台（操作系统：Win7 或更高版本。CPU：1.6 GHz 或更快处理器。内存：1 GB 以上。硬盘：4 GB 以上，至少 3 GB 可用硬盘空间，5400 RPM 硬盘驱动器。显示屏：DirectX9 视频卡，1280×1024 或更高显示分辨率。鼠标或其他指定设备。建议采用较高配置的计算机，这样有利于软件正常运行）。

（2）MATLAB 7.0 以上版本软件。

四、概述

通过构建规则格网或者不规则三角网可以实现离散点数据填挖土方量的计算，包括两种体积计算方法：规则格网法和不规则三角网法。在体积计算之前，需利用离散点数据构建凸包多边形，有关凸包多边形构建方法可参考实验 11，此处不再赘述。

1. 规则格网法

利用规则格网进行体积计算主要是按照预先规定的格网间隔将凸包多边形划分成若干小格网，计算各小格网的体积从而得到离散点的填挖土方量，其主要包括建立外包矩形、判断小格网中心是否在凸包多边形内以及计算各小格网的平均高程与体积等步骤。

1）建立外包矩形

找出凸包多边形中 x 值的最大值 x_{max} 与最小值 x_{min}，以及 y 值的最大值 y_{max}

与最小值 y_{min}。以点 $P(x_{min}，y_{min})$ 作为矩形的左下角顶点，矩形的长为 y_{max} — y_{min}，宽为 x_{max} — x_{min}，从而建立外包矩形，外包矩形及划分的小格网如图 3-25 所示。按照预先设定的小格网单元长度 L 将外包矩形划分成若干个小格网。

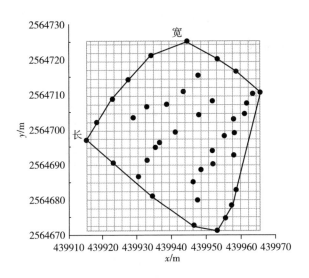

图 3-25　外包矩形及划分的小格网

2）判断小格网中心是否在凸包多边形内

如图 3-26 所示，遍历外包矩形中所有的小格网，计算其格网中心点坐标 $c(x，y)$，判断中心点 $c(x，y)$ 是否在凸包多边形内，若是则保留，否则剔除。中心点是否在凸包多边形内的判定原则：过中心点 $c(x，y)$ 作一条 x 轴的平行线，计算该平行线与每一条凸包多边形的边线 $\overrightarrow{P_iP_j}$ 的交点个数。计算公式如下：

$$m = \frac{x_j - x_i}{y_j - y_i}(y - y_i) + x_i - x \qquad (3-96)$$

若 $m > 0$，则交点个数加 1。遍历所有的凸包多边形的边线，当累计交点个数为奇数时，格网中心点 $c(x，y)$ 在凸包多边形内部，否则在凸包多边形外部。直至外包矩形内所有的小格网遍历判定完毕。

3）计算各小格网的平均高程与体积

取出位于凸包多边形内的任意一个小格网，采用反距离加权公式计算该小格网 4 个顶点的高程 $h_j(j=1，2，3，4)$。

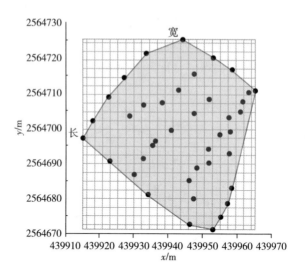

图 3 - 26　凸包多边形内的小格网

$$h_j = \frac{\sum\limits_{i=1}^{n}(h_i/d_i)}{\sum\limits_{i=1}^{n}1/d_i} \tag{3-97}$$

在格网顶点高程计算之前,预先设定搜索圆半径 r 值,一般取外包矩形的长与宽平均值的 40%。以每一个格网顶点 $g_j(x,y)(j=1,2,3,4)$ 为圆心,以 r 值为搜索圆半径,查找位于搜索圆内的所有离散点 $P(x_i,y_i,h_i)(i=1,2,3,4,\cdots,n)$,计算格网顶点到离散点的距离 $d_i=\sqrt{(x-x_i)^2+(y-y_i)^2}$,然后将距离数据和高程数据代入公式(3-97),从而计算出该格网顶点的高程 $h_j(j=1,2,3,4)$。

利用格网 4 个顶点高程数据 $h_j(j=1,2,3,4)$ 计算该格网的平均高程 h_g:

$$h_g = \frac{h_1 + h_2 + h_3 + h_4}{4} \tag{3-98}$$

从而计算出该格网对应的四棱柱的体积 V_i:

$$V_i = (h_g - H_0)L^2 \tag{3-99}$$

式中,H_0 为预先设定的设计高程;L 为每个小格网的长度。若 $h_g > H_0$,则表明为挖方体积;若 $h_g < H_0$,则表明为填方体积。依次处理位于凸包多边形内的每一个小格网,从而得到该离散点数据对应的挖方总体积和填方总体积。

2. 不规则三角网法

在实验 11 中所构建的凸包多边形基础上，建立不规则三角网，从而计算体积。其主要包括生成平面三角网、构建不规则三角网以及三角网体积计算等步骤。

1) 生成平面三角网

利用实验 11 中两种方法可生成凸包多边形以及相应凸包点集 Q。从离散点数据中剔除凸包点，则得到剔除后的点集 N。从点集 N 中取出任意一点与凸包多边形的每一条边相连组成初始三角网，放入三角网列表 TIN_1 中。

初始三角网如图 3-27 所示，从离散点点集 N 中取出点 Q_7，与凸包多边形的每一条边相连接构成了初始三角网，共包含 7 个三角形。

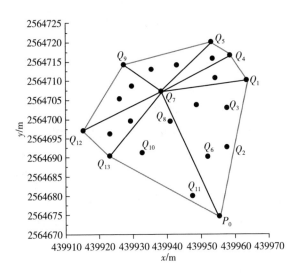

图 3-27　初始三角网

（1）从离散点点集 N 中取出一点 $P(x, y)$ 作为待插点。遍历初始三角网列表 TIN_1 中的每一个 $\triangle ABC$，比如图 3-27 中的 $\triangle Q_7 Q_{12} Q_{13}$。设 $\triangle ABC$ 的三个顶点坐标分别为 $A(x_A, y_A)$、$B(x_B, y_B)$ 和 $C(x_C, y_C)$，计算该三角形的外接圆圆心 $O(x_o, y_o)$ 以及半径 r：

$$\begin{cases} x_o = \dfrac{(y_B - y_A)(y_C^2 - y_A^2 + x_C^2 - x_A^2) - (y_C - y_A)(y_B^2 - y_A^2 + x_B^2 - x_A^2)}{2(x_C - x_A)(y_B - y_A) - 2(x_B - x_A)(y_C - y_A)} \\[4mm] y_o = \dfrac{(x_B - x_A)(x_C^2 - x_A^2 + y_C^2 - y_A^2) - (x_C - x_A)(x_B^2 - x_A^2 + y_B^2 - y_A^2)}{2(y_C - y_A)(x_B - x_A) - 2(y_B - y_A)(x_C - x_A)} \quad (3-100) \\[4mm] r = \sqrt{(x_0^2 - x_A^2)^2 + (y_0^2 - y_A^2)^2} \end{cases}$$

若离散点 $P(x, y)$ 至外接圆圆心 $O(x_o, y_o)$ 的距离 $d < r$，则点 $P(x, y)$ 在 $\triangle ABC$ 外接圆内部，则将该 $\triangle ABC$ 存放到三角形列表TIN_2 中。

（2）重复步骤（1）直至三角形列表TIN_1 中的所有三角形遍历完，则可将外接圆包含离散点 $P(x, y)$ 的所有三角形都存入三角形列表TIN_2 中。

（3）从三角形列表TIN_2 中取出 1 个 $\triangle DEF$，判断离散点 $P(x, y)$ 是否在该三角形内部。若是，将该 $\triangle DEF$ 存放到三角形列表TIN_3 中，并将该 $\triangle DEF$ 从三角形列表TIN_2 中剔除。判断离散点是否在三角形内部时，可将该离散点与三角形 3 个顶点重新组成 3 个小三角形，计算这 3 个小三角形的总面积，并与原三角形面积进行对比，若两者相等，则该离散点在三角形内部。

（4）从三角形列表TIN_2 中取出 1 个 $\triangle GHI$，判断该 $\triangle GHI$ 与TIN_3 中的三角形是否存在公共边。若存在公共边，则将 $\triangle GHI$ 存入列表TIN_3 中。最后将三角形列表TIN_2 清空。

判断两个三角形是否存在公共边时，可以判断两个三角形中的任意两个顶点是否相等，若相等则存在公共边。

（5）从三角形列表TIN_1 中移除列表TIN_3 中的三角形。判断三角形列表TIN_3 中两两三角形是否存在公共边。若存在，则删除这些公共边，将余下三角形的边加入边列表 SIDE 中。

（6）从边列表 SIDE 中取出1 条边，与离散点 $P(x, y)$ 组成新的三角形，将这些三角形加入三角形列表TIN_1 中，并将边列表 SIDE 清空。

（7）重复步骤（1）～（6）直至所有的离散点遍历完毕，则生成了平面三角网列表TIN_1。

2）构建不规则三角网

生成的平面三角网边界中可能会存在一些狭长的三角形，在此处可以加入一些限制条件删除这些三角形，比如删除三角形最大角度大于160°或者最小角度小于5°的三角形，从而建立不规则三角网。

3）三角网体积计算

从不规则三角网列表中取出 1 个 $\triangle ABC$，$\triangle ABC$ 的 3 个顶点坐标分别为 $A(x_A, y_A, h_A)$、$B(x_B, y_B, h_B)$ 和 $C(x_C, y_C, h_C)$，计算三角形投影底面积 S 和三角形的平均高程 h_{tri}：

$$\begin{cases} S = \dfrac{|(x_B - x_A)(y_B - y_A) - (x_C - x_A)(y_C - y_A)|}{2} \\ h_{tri} = \dfrac{h_A + h_B + h_C}{3} \end{cases} \qquad (3-101)$$

（1）假如预先设定的设计高程为 H_0，当三角形的 3 个顶点高程都大于或小于设计高程 H_0 时，可采用如下公式计算体积 V：

$$V = S(h_{\mathrm{tri}} - H_0) \qquad (3-102)$$

若平均高程 $h_{\mathrm{tri}} > H_0$，则 V 为挖方体积；若平均高程 $h_{\mathrm{tri}} < H_0$，则 V 为填方体积。

（2）当 $\triangle ABC$ 有 2 个顶点的高程小于设计高程 H_0，且 1 个顶点高程大于设计高程 H_0 时，此时共同存在挖方区域和填方区域。挖方区域与填方区域示意图如图 3-28 所示，若 $\triangle ABC$ 中，顶点 A 的高程大于设计高程 H_0，而顶点 B 和 C 高程小于设计高程 H_0，则需要在边 $\overline{AB}$ 上找到一点 I_1，使得 I_1 点高程为设计高程 H_0，同理在边 $\overline{AC}$ 上找到一点 I_2，使得 I_2 点高程也为设计高程 H_0。在图 3-28 中，$\triangle AI_1I_2$ 为挖方区域，$\Box I_1I_2CB$ 为填方区域。

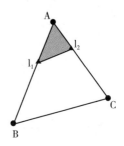

图 3-28　挖方区域与填方区域示意图

I_1 点坐标 (x_{I_1}, y_{I_1}) 可采用下式计算：

$$\begin{cases} x_{I_1} = x_A + \left| \dfrac{H_0 - h_A}{h_B - h_A} \right| (x_B - x_A) \\[2mm] y_{I_1} = y_A + \left| \dfrac{H_0 - h_A}{h_B - h_A} \right| (y_B - y_A) \end{cases} \qquad (3-103)$$

同理，可计算出 I_2 点坐标 (x_{I_2}, y_{I_2})。

$\triangle AI_1I_2$ 挖方体积采用公式（3-101）和（3-102）即可计算得到，$\Box I_1I_2CB$ 的填方体积采用下式计算：

$$V = (S - S_\triangle)\left(\frac{H_0 + H_0 + H_B + H_C}{4} - H_0 \right) \qquad (3-104)$$

式（3-104）中，S 为 $\triangle ABC$ 底面面积，$S_\triangle$ 为 $\triangle AI_1I_2$ 底面面积。

（3）当 $\triangle ABC$ 有 1 个顶点的高程小于设计高程 H_0，且 2 个顶点高程大于设计高程 H_0 时，此时也共同存在填方区域和挖方区域。如图 3-28 所示，在 $\triangle ABC$ 中，若顶点 A 的高程小于设计高程 H_0，而顶点 B 和 C 高程大于设计高程 H_0，则 $\triangle AI_1I_2$ 为填方区域，$\Box I_1I_2CB$ 为挖方区域，将步骤（2）中的挖方体积与填方体积计算公式互换即可。

五、代码示例

1. 规则格网法代码示例

```
clc；

clear；


grid_space=1；%小格网间隔，单位m
%1. 读取离散点数据
point_path="测试数据.txt"；
[p_num, px, py, ph, H0] = read_data (point_path)；


%2. 快速凸包法生成凸包多边形
[cvex_num, cvex_x, cvex_y, cvex_h] = fast_convex_polygon (p_num, px, py, ph)；


%3. 获取规则格网中心点坐标
[grids_cx, grids_cy, grids_inout, radi] = regular_grid (cvex_x, cvex_y, grid_space)；


%4. 计算体积
[vol_cut, vol_fill] = calc_regular_volume (grids_cx, grids_cy, grids_inout, grid_space, radi, H0, px, py, ph)；


function [grids_cx, grids_cy, grids_inout, radi] = regular_grid (cvex_x, cvex_y, grid_space)
%依据凸包点生成规则格网
%参数输入:
%规则格网的间隔 grid_space
%凸包点坐标 cvex_x, cvex_y
%参数输出:
%grids_cx, grids_cy 规则格网的中心点坐标
%grids_inout 规则格网在外包矩形的内部（=1）或外部（=0）
%radi 圆的半径 r, 取外包矩形的长与宽平均值的 40%
```

```
%1. 生成外包矩形
% 查找凸包点中 x 和 y 分量的最大值与最小值
xmax = max (cvex_x); xmin = min (cvex_x);
ymax = max (cvex_y); ymin = min (cvex_y);


% 外包矩形的长与宽
rect_length = ymax - ymin;
rect_width = xmax - xmin;


% 圆半径取外包矩形的长与宽平均值的 40%
radi = (rect_width + rect_length) * 0.5 * 0.4;


% 规则格网个数
n = ceil (rect_width/grid_space);
m = ceil (rect_length/grid_space);
grids_cx = zeros (1, n * m);
grids_cy = zeros (1, n * m);
grids_inout = zeros (1, n * m);


num = 1;
fori = 1: n
for j = 1: m
        grids_cx (num) = xmin + (i - 1) * grid_space + grid_space/2;
        grids_cy (num) = ymin + (j - 1) * grid_space + grid_space/2;


% 判断是否在凸包多边形的内部
        sumt = 0;
for k = 1: length (cvex_y) - 1
if grids_cy (num) < max (cvex_y (k), cvex_y (k + 1)) && grids_cy (num) > min
(cvex_y (k), cvex_y (k + 1))
if (cvex_x (k + 1) - cvex_x (k)) / (cvex_y (k + 1) - cvex_y (k)) * (grids_cy
(num) - cvex_y (k)) + cvex_x (k) > grids_cx (num)
                        sumt = sumt + 1;
end
```

```
end
end


% 单边交点个数为奇数，则格网中心位于凸包多边形内
if sumt = = 1
        grids_inout (num) = 1;
end


    num = num + 1;
end
end
end


function [vol_cut, vol_fill] = calc_regular_volume (grids_cx, grids_cy, grids
_inout, grid_space, radi, H0, px, py, ph)
% 利用规则格网计算体积
% 参数输入：
% grids_cx, grids_cy：规则格网的中心点坐标
% grids_inout：是否在凸包多边形内标志
% grid_space：格网间隔
% radi：搜索圆半径
% H0：设计高程
% px, py, ph：离散点坐标和高程


% 参数输出：
% vol_cut 和 vol_fill：挖方总体积和填方总体积
%
vol_cut = 0; vol_fill = 0;
fori = 1: length (grids_cx)
% 判定是否在凸包多边形内
if grids_inout (i) = = 1
        h1 = height_inversD (radi, px, py, ph, grids_cx (i) - grid_space/2, grids
_cy (i) - grid_space/2); % 格网左下角
```

```
        h2 = height_inversD (radi, px, py, ph, grids_cx (i) - grid_space/2, grids
_cy (i) + grid_space/2); % 格网左上角
        h3 = height_inversD (radi, px, py, ph, grids_cx (i) + grid_space/2, grids
_cy (i) + grid_space/2); % 格网右上角
        h4 = height_inversD (radi, px, py, ph, grids_cx (i) + grid_space/2, grids
_cy (i) - grid_space/2); % 格网右下角

        h_mean = (h1 + h2 + h3 + h4) /4.0;
        v = (h_mean - H0) * grid_space * grid_space;
if h_mean>H0 % 挖方
            vol_cut = vol_cut + v;
else
            vol_fill = vol_fill + v;
end
end
end
end
```

2. 不规则三角网法代码示例

```
clc;
clear;

%1. 读取离散点数据
point_path = "测试数据.txt";
[p_num, px, py, ph, H1] = read_data (point_path);

%2. 生成凸包点
[cvex_num, cvex_x, cvex_y, cvex_h] = convex_polygon (p_num, px, py, ph);

%3. 构建不规则三角网
[Tin] = generate_TIN (p_num, px, py, ph, cvex_num, cvex_x, cvex_y, cvex_h);

%4. 计算体积
[vol_cut, vol_fill] = calc_volume (Tin, H1);
```

```
function [Tin] = generate _ TIN (ps _ num, xs, ys, hs, cvex _ num, cvex _ x, cvex _ y,
cvex _ h)
```

% 生成不规则三角网

% ps _ num, xs, ys, hs 散点坐标及高程

% cvex _ num, cvex _ x, cvex _ y, cvex _ h 凸包多边形的点和高程

% Tin 为结构体, 存放三角形的三个顶点: p (1), p (2), p (3), 以及对应的三条边 s (1),
s (2), s (3)

% 其中顶点的坐标及高程: p (1) .x, p (1) .y, p (1) .h, p (2) .x, p (2) .y, p
(2) .h, p (3) .x, p (3) .y, p (3) .h

% 三条边: s (1) .p (1), s (1) .p (2), s (2) .p (1), s (2) .p (2), s (3) .p (1), s
(3) .p (2)

% 1. 将凸包点从原有的散点中删除

```
px = xs; py = ys; h = hs; p _ num = ps _ num;
fori = 1: length (cvex _ x)
    dx = abs (cvex _ x (i) - px);
    dy = abs (cvex _ y (i) - py);
    idx = find (dx + dy < 1. 0e - 5);

    px (idx) = []; py (idx) = []; h (idx) = []; p _ num (idx) = [];
end
```

% 2. 将散点沿着 x 轴排序

```
[px _ sort, idx _ sort] = sort (px);
py _ sort = py (idx _ sort);
h _ sort = h (idx _ sort);
num _ sort = p _ num (idx _ sort);

px = px _ sort;
py = py _ sort;
h = h _ sort;
p _ num = num _ sort;
```

% 3. 构成初始三角网 Tin1

```
% 从离散点中取出一点 p0,
p0 _ x = px (1); p0 _ y = py (1);
p0 _ h = h (1); p0 _ num = p _ num (1);
fori = 1: length (cvex _ x) - 1
% p0 与凸包点中的任意一条边构成初始三角形
% 三个顶点
    Tin1 (i) . p (1) . x = cvex _ x (i); Tin1 (i) . p (1) . y = cvex _ y (i); Tin1 (i) . p
(1) . h = cvex _ h (i); Tin1 (i) . p (1) . num = cvex _ num (i);
    Tin1 (i) . p (2) . x = cvex _ x (i + 1); Tin1 (i) . p (2) . y = cvex _ y (i + 1); Tin1
(i) . p (2) . h = cvex _ h (i + 1); Tin1 (i) . p (2) . num = cvex _ num (i + 1);
    Tin1 (i) . p (3) . x = p0 _ x; Tin1 (i) . p (3) . y = p0 _ y; Tin1 (i) . p (3) . h = p0 _
h; Tin1 (i) . p (3) . num = p0 _ num;


% 三条边，每条边包含两个点
    Tin1 (i) . s (1) . p (1: 2) = Tin1 (i) . p (1: 2);
    Tin1 (i) . s (2) . p (1: 2) = Tin1 (i) . p (2: 3);
    Tin1 (i) . s (3) . p (1: 2) = Tin1 (i) . p ([3, 1]);
end


% 4. 遍历离散点，生成平面三角网
Tin2 = struct ([]);
fori = 2: length (px)
    n0 = 0;
    Tin3 = struct ([]);
% 若离散点在外接圆内部，将三角形移动到 Tin3 中
    Tp = struct ('x', px (i), 'y', py (i), 'h', h (i), 'num', p _ num (i));
for j = 1: length (Tin1)
if   inside _ triangle (Tin1 (j) . p (1), Tin1 (j) . p (2), Tin1 (j) . p (3), Tp)
        n0 = n0 + 1;
        Tin3 (n0) . p (1: 3) = Tin1 (j) . p (1: 3); % 将包含离散点的外接圆存储在
结构体变量 Tin3 中
        Tin3 (n0) . s (1: 3) = Tin1 (j) . s (1: 3);
end
end
```

% 在 Tin3 三角形中寻找所有公共边，并删除这些公共边，再将剩下的边存储在列表 S 中，并清除 Tin3

```
    n1 = 0;
    Tin4 = struct（[]）;
for j = 1: length（Tin3）
```

% 判断离散点是否在三角形内部，若是，则将该三角形保存在 Tin4 中，并将其从 Tin3 中剔除

```
if（inside_triangle_2（Tin3（j）.p（1），Tin3（j）.p（2），Tin3（j）.p（3），Tp））
            n1 = n1 + 1;
            Tin4（n1）.p（1: 3）= Tin3（j）.p（1: 3）;
            Tin4（n1）.s（1: 3）= Tin3（j）.s（1: 3）;
            Tin3（j）= []; % 从 Tin3 中删除
break;
end
end
```

% 判断 Tin3 与 Tin4 中是否存在公共边，如果存在公共边，则将该三角形存放在 Tin4 中

```
if length（Tin4）> 0
if length（Tin3）> 0
            Tnote = zeros（1，length（Tin3））; % Tin3 与 Tin4 中是否存在公共边标志
            v = 1;
            num = 1;
            find_side = 1;
while find_side
if Tnote（v）== 0 %
for k = 1: length（Tin4）
                    [same_flag，~，~]= same_side（Tin3（v），Tin4（k））;
if same_flag % 具有相同的边
                    m = length（Tin4）+ 1;
                    Tin4（m）.p（1: 3）= Tin3（v）.p（1: 3）;
                    Tin4（m）.s（1: 3）= Tin3（v）.s（1: 3）;

                    Tnote（v）= 1; % 表明存在公共边
                    v = 0;
```

```
break;
else
                          num = k;
end

if v = = length (Tin3) && num = = length (Tin4)
                      find _ side = 0;
end
end
end % if Tnote (v)  = = 0  %

            v = v + 1;

if v = = length (Tin3)  + 1
                   find _ side = 0;
end
end % while 1

end % if length (Tin3) >0
end % if length (Tin4) >0
```

% 将三角形加入 Tin2 中

```
    Tin2 = Tin4;
```

% 从 Tin1 中移除 Tin2 中的三角形

```
for j = 1: length (Tin2)
for k = 1: length (Tin1)
if same _ triangle (Tin1 (k), Tin2 (j))
                Tin1 (k)  =  [];
break;
end
end
end
```

```
% 剔除 Tin2 三角形中存在的公共边，将余下边长分别与离散点组成新的三角形，并将该三
角形加入 Tin1 中
for j = 1: length (Tin2)
for k = j + 1: length (Tin2)
            [same_flag, s1, s2] = same_side (Tin2 (j), Tin2 (k));
if same_flag
            Tin2 (j) . s (s1) = [];
            Tin2 (k) . s (s2) = [];
end
end
end


% 与离散点组成新的三角形
for j = 1: length (Tin2)% 公共边被剔除，则余下三角形的边长个数不超过 3，或者只有一
个三角形时
if (length (Tin2 (j) . s) <3) || (length (Tin2 (j) . s) = = 3 && length (Tin2) =
= 1)
for k = 1: length (Tin2 (j) . s)
            T1. p (1: 2) = Tin2 (j) . s (k) . p (1: 2);
            T1. p (3) = Tp;

            T1. s (1) = Tin2 (j) . s (k);
            T1. s (2) . p (1) = Tin2 (j) . s (k) . p (2);
            T1. s (2) . p (2) = Tp;
            T1. s (3) . p (1) = Tp;
            T1. s (3) . p (2) = Tin2 (j) . s (k) . p (1);

            m = length (Tin1) + 1;
            Tin1 (m) . p (1: 3) = T1. p (1: 3);
            Tin1 (m) . s (1: 3) = T1. s (1: 3);
end
end
end
```

```
     Tin2 = struct ([]); % 清空 Tin2
end % for i = 2: length (px)


% 剔除三角网边界处的狭长三角形：最大角大于 160°或者最小角小于 5°三角形
n0 = 0;
Tin_del = struct ([]);
max_angle = 160.0; min_angle = 5.0;
fori = 1: length (Tin1)
for j = 2: length (cvex_x)
        same_point = 0;
for k = 1: length (Tin1 (i) .p (:))
if abs (Tin1 (i) .p (k) .x - cvex_x (j)) <1.0e - 5 && abs (Tin1 (i) .p (k) .y - cvex
_y (j)) <1.0e - 5
                same_point = 1;
break;
end
end
if same_point  % 包含边界的凸包点
% 计算边界三角形的内角
                [ang1, ang2, ang3] = angle_triangle (Tin1 (i) .p (1), Tin1 (i) .p
(2), Tin1 (i) .p (3));
if max (max (ang1, ang2), ang3) >max_angle || min (min (ang1, ang2), ang3) <min
_angle
                n0 = n0 + 1;
                Tin_del (n0) .p (1: 3) = Tin1 (i) .p (1: 3);
                Tin_del (n0) .s (1: 3) = Tin1 (i) .s (1: 3);
end
end
end
end


n0 = 0;
fori = 1: length (Tin1)
    same_flag = 0;
```

```
for j = 1: length (Tin _ del)
if same _ triangle (Tin1 (i), Tin _ del (j))
            same _ flag = 1;
break;
end
end
if ～same _ flag
        n0 = n0 + 1;
        Tin (n0) . p (1: 3) = Tin1 (i) . p (1: 3);
        Tin (n0) . s (1: 3) = Tin1 (i) . s (1: 3);
end
end
end
function [vol _ cut, vol _ fill] = calc _ volume (Tin, H0)
% 计算三角网的体积
% 输入:
% Tin 三角网
% H0 设计高程
% 输出:
% vol _ cut 和 vol _ fill: 每个三角形的挖方体积和填方体积
n = length (Tin);
vol _ cut = zeros (1, n); vol _ fill = zeros (1, n);


% 计算每个三角形的平均高程和底面积
fori = 1: n
    h = [Tin (i) .p (1: 3) .h]; % 三角形三个顶点的高程
    x = [Tin (i) .p (1: 3) .x];
    y = [Tin (i) .p (1: 3) .y];
% 计算三角形投影底面的面积
    s = (x (2) - x (1)) * (y (3) - y (1)) - (x (3) - x (1)) * (y (2) - y (1));
    s = abs (s) /2. 0;

    h _ mean = (sum (h)) /3; % 三角形的平均高程
```

```
%确定是挖方或填方
    idx_h = find (h> = H0);
```

```
if isempty (idx_h)%三个顶点高程都小于设计高程，则为填方
        vol_fill (i) = s * (h_mean - H0);
else
        num = length (idx_h);
if num = = 3 %三个顶点高程都大于设计高程，则为挖方
            vol_cut (i) = s * (h_mean - H0);
elseif num = = 2 %三角形两个顶点高程大于设计高程
            id_min = find (h<H0);
%第一个内插点，高程为 H0
            x_I1 = linear_inter (h (id_min), x (id_min), h (idx_h (1)), x (idx
_h (1)), H0);
            y_I1 = linear_inter (h (id_min), y (id_min), h (idx_h (1)), y (idx
_h (1)), H0);
```

```
%第二个内插点，高程为 H0
            x_I2 = linear_inter (h (id_min), x (id_min), h (idx_h (2)), x (idx
_h (2)), H0);
            y_I2 = linear_inter (h (id_min), y (id_min), h (idx_h (2)), y (idx
_h (2)), H0);
```

```
%填方投影底面积
            s1 = (x_I1 - x (id_min)) * (y_I2 - y (id_min)) - (x_I2 - x (id_
min)) * (y_I1 - y (id_min));
            s1 = abs (s1) /2.0;
            h_mean1 = (h (id_min) + H0 + H0) /3.0;
            vol_fill (i) = s1 * (h_mean1 - H0);
```

```
%挖方体积
            h_mean2 = (h (idx_h (1)) + h (idx_h (2)) + H0 + H0) /4.0;
            vol_cut (i) = (s - s1) * (h_mean2 - H0);
else% num = = 1 %三角形 1 个顶点高程大于设计高程
```

```
            id_min = find (h<H0);
%第一个内插点，高程为H0
            x_I1 = linear_inter (h (id_min (1)), x (id_min (1)), h (idx_h), x
(idx_h), H0);
            y_I1 = linear_inter (h (id_min (1)), y (id_min (1)), h (idx_h), y
(idx_h), H0);

%第二个内插点，高程为H0
            x_I2 = linear_inter (h (id_min (2)), x (id_min (2)), h (idx_h), x
(idx_h), H0);
            y_I2 = linear_inter (h (id_min (2)), y (id_min (2)), h (idx_h), y
(idx_h), H0);

%挖方投影底面积
            s1 = (x_I1 - x (idx_h)) * (y_I2 - y (idx_h)) - (x_I2 - x (idx_
h)) * (y_I1 - y (idx_h));
            s1 = abs (s1) /2.0;
            h_mean1 = (h (idx_h) + H0 + H0) /3.0;
            vol_cut (i) = s1 * (h_mean1 - H0);

%填方体积
            h_mean2 = (h (id_min (1)) + h (id_min (2)) + H0 + H0) /4.0;
            vol_fill (i) = (s - s1) * (h_mean2 - H0);
end
end
end
end


function [in_flag] = inside_triangle (Ta, Tb, Tc, Tp)
% 判断散点是否在三角形外接圆内
% in_flag = 1   在圆内
% in_flag = 0   不在圆内
% Ta，Tb，Tc   三角形三个顶点的坐标结构体
% Ta. x, Ta. y, Tb. x, Tb. y, Tc. x, Tc. y
```

```
px = Tp. x;
py = Tp. y;
% 计算圆心
x0 = ( ( Tb. y - Ta. y) * ( Tc. y * Tc. y - Ta. y * Ta. y + Tc. x * Tc. x - Ta. x * Ta. x) -
( Tc. y - Ta. y) * ( Tb. y * Tb. y - Ta. y * Ta. y + Tb. x * Tb. x - Ta. x * Ta. x)) / ⋯
                ( 2 * ( Tc. x - Ta. x) * ( Tb. y - Ta. y) - 2 * ( Tb. x - Ta. x) * ( Tc. y -
Ta. y));
y0 = ( ( Tb. x - Ta. x) * ( Tc. x * Tc. x - Ta. x * Ta. x + Tc. y * Tc. y - Ta. y * Ta. y) -
( Tc. x - Ta. x) * ( Tb. x * Tb. x - Ta. x * Ta. x + Tb. y * Tb. y - Ta. y * Ta. y)) / ⋯
                ( 2 * ( Tc. y - Ta. y) * ( Tb. x - Ta. x) - 2 * ( Tb. y - Ta. y) * ( Tc. x -
Ta. x));

% 半径
r = sqrt ( ( x0 - Ta. x) * ( x0 - Ta. x) + ( y0 - Ta. y) * ( y0 - Ta. y));

% 计算距离
d = sqrt ( ( x0 - px) * ( x0 - px) + ( y0 - py) * ( y0 - py));

ifr - d > 1. 0e - 4
    in _ flag = 1;
else
    in _ flag = 0;
end
end
function [ in _ flag]  = inside _ triangle _ 2 ( Ta, Tb, Tc, Tp)
% 判断点是否在三角形内
s1 = triangle _ area ( Ta, Tb, Tc);
s2 = triangle _ area ( Ta, Tb, Tp);
s3 = triangle _ area ( Ta, Tp, Tc);
s4 = triangle _ area ( Tp, Tb, Tc);

diff = s1 - s2 - s3 - s4;
ifabs ( diff) < 1. 0e - 4
    in _ flag = 1;
```

```matlab
else
    in_flag = 0;
end
end
function [same_flag, s1, s2] = same_side (Tin1, Tin2)
% 判断两个三角形是否具有相同的边
% 依据两个三角形公共边的两点是否相同来判定
% s1 表示 Tin1 中哪一条边为公共边序号
% s2 表示 Tin2 中哪一条边为公共边序号

same_flag = 0;
s1 = 0; s2 = 0;
for i = 1: length (Tin1.s (:))
for j = 1: length (Tin2.s (:))
if (Tin1.s (i) .p (1) .x == Tin2.s (j) .p (1) .x && Tin1.s (i) .p (1) .y == Tin2.s (j) .p (1) .y && Tin1.s (i) .p (2) .x == Tin2.s (j) .p (2) .x && Tin1.s (i) .p (2) .y == Tin2.s (j) .p (2) .y) || ...
                (Tin1.s (i) .p (2) .x == Tin2.s (j) .p (1) .x && Tin1.s (i) .p (2) .y == Tin2.s (j) .p (1) .y && Tin1.s (i) .p (1) .x == Tin2.s (j) .p (2) .x && Tin1.s (i) .p (1) .y == Tin2.s (j) .p (2) .y)
            same_flag = 1;
            s1 = i; s2 = j;
break;
end
end
if same_flag
break;
end
end

end
function [same_flag] = same_triangle (Tin1, Tin2)
% 判断两个三角形结构体是否相同
% 主要依据是判断两个三角形的三个点分别对应相等
same_flag = 1;
```

```
fori = 1: length (Tin1. p)
    idx = 0;
for j = 1: length (Tin2. p)
if (abs (Tin1. p (i) . x − Tin2. p (j) . x) < 1. 0e5 && abs (Tin1. p (i) . y − Tin2. p
(j) . y) < 1. 0e − 5)
            idx = 1;
break;
end
end
if idx = = 0
        same _ flag = 0;
break;
end
end
end
function [ang1, ang2, ang3] = angle _ triangle (Ta, Tb, Tc)
% 计算三角形的三个内角
    s1 = sqrt ( (Ta. x − Tb. x) ^2 + (Ta. y − Tb. y) ^2);
    s2 = sqrt ( (Ta. x − Tc. x) ^2 + (Ta. y − Tc. y) ^2);
    s3 = sqrt ( (Tc. x − Tb. x) ^2 + (Tc. y − Tb. y) ^2);

    cosA = (s1 * s1 + s2 * s2 − s3 * s3) / (2 * s1 * s2);
    cosB = (s1 * s1 + s3 * s3 − s2 * s2) / (2 * s1 * s3);

    ang1 = acos (cosA) * 180/pi;
    ang2 = acos (cosB) * 180/pi;
    ang3 = 180 − ang1 − ang2;
end
```

六、上交成果

实验结束后将实验报告以个人为单位装订成册并上交。

七、注意事项

注意生成结果文件，输出不规则三角网的顶点或者规则格网的顶点坐标，并保存离散点挖方和填方体积数据信息。

实验 13　道路曲线要素计算

一、实验性质

本实验为验证性实验，实验时数可安排为 2 学时。

二、目的和要求

（1）了解道路曲线要素计算的基本原理；

（2）通过编程实现道路曲线要素及里程桩坐标计算过程，并输出计算结果。

三、计算机软件、硬件配置

（1）计算机 1 台（操作系统：Win7 或更高版本。CPU：1.6 GHz 或更快处理器。内存：1 GB 以上。硬盘：4 GB 以上，至少 3 GB 可用硬盘空间，5400 RPM 硬盘驱动器。显示屏：DirectX9 视频卡，1280×1024 或更高显示分辨率。鼠标或其他指定设备。建议采用较高配置的计算机，这样有利于软件正常运行）。

（2）MATLAB 7.0 以上版本软件。

四、概述

在工程测量道路放样中，曲线要素及里程桩坐标计算在整个测量过程中占有非常重要的地位，也是测量员在工作中需要具备的最基本的计算能力。在道路工程测量中，常用的平曲线包括圆曲线和缓和曲线，其曲线要素包含半径、缓和曲线长、转向角、圆曲线长、曲线长、切线长、外矢距、切曲差、切垂距、内移距、缓和曲线角、曲线主点桩号等。曲线计算的方法有多种，包括切线支距法、偏角法、弦线支距法、圆外基线法、极坐标法等。本文采用切线支距法介绍曲线要素计算的基本过程。

1. 程序核心算法

对于带有缓和曲线的圆曲线，首先需要计算曲线的内移距 p 和切垂距 m，其计算公式如下：

$$\begin{cases} m = \dfrac{l_S}{2} - \dfrac{l_S^3}{240R^2} + \dfrac{l_S^5}{34560R^2} \\[3mm] p = \dfrac{l_S^2}{24R} - \dfrac{l_S^4}{2688R^3} \end{cases} \qquad (3-105)$$

式中，l_S 为缓和曲线长；R 为半径。在获取了内移距和切垂距之后，可以计算其他曲线要素，比如切线长（T）、曲线长（L）、外矢距（E）、切曲差（Q），计算公式如下：

$$\begin{cases} T = m + (R+p) \tan(\alpha/2) \\ L = [\pi R (\alpha - 2\beta_0)]/180 + 2l_S \\ E = (R+p) \sec(\alpha/2) - R \\ Q = 2T - L \end{cases} \tag{3-106}$$

式中，β_0 表示缓和曲线角；α 表示转向角，由直线方位角相减计算得到。在曲线要素计算完成之后，可以计算 5 个桩点里程和道路主点坐标。桩点里程计算参考下列公式：

$$\begin{cases} \text{ZH} = \text{JD} - T \\ \text{HY} = \text{ZH} + l_S \\ \text{QZ} = \text{ZH} + L/2 \\ \text{HZ} = \text{QZ} + L/2 \\ \text{YH} = \text{HZ} - l_S \end{cases} \tag{3-107}$$

当 K 点位于第一缓和曲线上时，K 点坐标计算公式为

$$\begin{cases} x = l - \dfrac{l^5}{40R^2 l_{S1}^2} + \dfrac{l^9}{3456R^2 l_{S1}^4} \\ y = \dfrac{l^3}{6Rl_{S1}} - \dfrac{l^7}{336R^3 l_{S1}^3} \end{cases} \tag{3-108}$$

当 K 点位于圆曲线上时，K 点坐标计算公式为

$$\begin{cases} x = R\sin\beta + m \\ y = R(1 - \cos\beta) + p \end{cases} \tag{3-109}$$

式中，$\beta = \dfrac{180(l - l_{S1})}{\pi R} - \beta_0$，表示切线角；$l$ 表示曲线长。

当 M 点位于第二缓和曲线上时，M 点坐标计算公式为

$$\begin{cases} x = l - \dfrac{l^5}{40R^2 l_{S2}^2} + \dfrac{l^9}{3456R^2 l_{S2}^4} \\ y = \dfrac{l^3}{6Rl_{S2}} - \dfrac{l^7}{336R^3 l_{S2}^3} \end{cases} \tag{3-110}$$

式中，$l=l_{HZ}-l_K$，为 M 点至 HZ 点的曲线长；R 为曲线半径；l_{S2} 为第二缓和曲线长。

2. 程序计算流程和输入文件结构

程序计算流程图如图 3-29 所示。

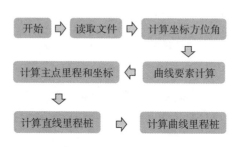

图 3-29　程序计算流程图

输入文件格式及其说明见表 3-5 所列。

表 3-5　输入文件格式及其说明

输入数据	格式说明
PSta，437.58，168.79	起点点名，X 坐标，Y 坐标
JD1，608.22.314.43，110，55 JD2，801.97，163.79，91，43 JD3，967.29，311.92，85，35 JD4，850.67，523.55，350，0	JD 点点名，X 坐标，Y 坐标，曲线半径，曲线长度
PEnd.852.11.723.55	终点点名，X 坐标，Y 坐标

五、示例代码

```
    clear;
clc;
fid = fopen ("道路曲线数据 . txt", 'r');
i = 1;
% * * * * * * * * *读取数据 * * * * * * * * * * *
while 1
    line = fgetl (fid);
    if line = = -1
```

```
        break;
    end
    data = split (line, ", ");
    RoadPts (i) .name = data (1);
    RoadPts (i) .x = str2double (data (2));
    RoadPts (i) .y = str2double (data (3));
    if length (data) <5
        RoadPts (i) .R = 0;
        RoadPts (i) .ls = 0;
        i = i + 1;
        continue;
    end
    RoadPts (i) .R = str2double (data (4));
    RoadPts (i) .ls = str2double (data (5));
    i = i + 1;
end
fclose (fid);
n = length (RoadPts);
azi (n - 1) = 0;
% * * * * * * * * *计算坐标方位角* * * * * * * * * * *
for i = 1: n - 1
    azi (i) = atan2 (RoadPts (i + 1) .y - RoadPts (i) .y, RoadPts (i + 1) .x - RoadPts
(i) .x);
end
% * * * * * * * * * *计算道路曲线要素* * * * * * * * * * *
for i = 2: n - 1
        RoadPts (i) .alpha = azi (i) - azi (i - 1);
    if abs (RoadPts (i) .alpha) >pi
        RoadPts (i) .alpha = RoadPts (i) .alpha - sign (RoadPts (i) .alpha) * 2 * pi;
    end  RoadPts (i) .m = RoadPts (i) .ls/2 - power (RoadPts (i) .ls, 3) /RoadPts
(i) .R/RoadPts (i) .R/240 + power (RoadPts (i) .ls, 5) /power (RoadPts (i) .R,
4) /34560;
RoadPts (i) .p = RoadPts (i) .ls * RoadPts (i) .ls/RoadPts (i) .R/24 - power (RoadPts
(i) .ls, 4) /power (RoadPts (i) .R, 3) /2688;
```

```
    a = abs (RoadPts (i) .alpha);
    RoadPts (i) .T = RoadPts (i) .m + (RoadPts (i) .R + RoadPts (i) .p) * tan (a/2);
    RoadPts (i) .beta0 = RoadPts (i) .ls/RoadPts (i) .R/2;
    RoadPts (i) .L = 2 * RoadPts (i) .ls + RoadPts (i) .R * (a - 2 * RoadPts (i)
.beta0);
    RoadPts (i) .E = (RoadPts (i) .R + RoadPts (i) .p) /cos (a/2) - RoadPts (i) .R;
    RoadPts (i) .q = 2 * RoadPts (i) .T - RoadPts (i) .L;
end
% * * * * * * * * * *计算道路主点坐标* * * * * * * * * * * *
for i = 2: n - 1
    x1 = RoadPts (i) .x;
    y1 = RoadPts (i) .y;
    t = RoadPts (i) .T;
    RoadPts (i) .keypts (1) .x = x1 - t * cos (azi (i - 1));
    RoadPts (i) .keypts (1) .y = y1 - t * sin (azi (i - 1));
    RoadPts (i) .keypts (4) .x = x1 + t * cos (azi (i));
    RoadPts (i) .keypts (4) .y = y1 + t * sin (azi (i));
    a = (azi (i - 1) + azi (i)) /2 + sign (RoadPts (i) .alpha) * pi/2;
    RoadPts (i) .QZ. x = x1 + RoadPts (i) .E * cos (a);
    RoadPts (i) .QZ. y = y1 + RoadPts (i) .E * sin (a);        x1 = RoadPts (i) .ls -
power (RoadPts (i) .ls, 3) /RoadPts (i) .R/RoadPts (i) .R/40 + power (RoadPts
(i) .R, 5) /power (RoadPts (i) .R, 4) /3456; y1 = RoadPts (i) .ls * RoadPts (i) .ls/
RoadPts (i) .R/6 - power (RoadPts (i) .ls, 4) /power (RoadPts (i) .R, 3) /336;
    p. x = x1;
    p. y = y1 * sign (RoadPts (i) .alpha);
    RoadPts (i) .keypts (2) = Rotate (RoadPts (i) .keypts (1), p, azi (i - 1));
    p. y = - p. y;
    RoadPts (i) .keypts (3) = Rotate (RoadPts (i) .keypts (4), p, azi (i) + pi);
    if RoadPts (i) .ls = = 0
        RoadPts (i) .keypts (1) .lab = " ZY ";
        RoadPts (i) .keypts (2) .lab = " ZY ";
        RoadPts (i) .keypts (3) .lab = " YZ ";
        RoadPts (i) .keypts (4) .lab = " YZ ";
    else
```

```
        RoadPts (i) .keypts (1) .lab = "ZH";
        RoadPts (i) .keypts (2) .lab = "HY";
        RoadPts (i) .keypts (3) .lab = "YH";
        RoadPts (i) .keypts (4) .lab = "HZ";
    end
end
RoadPts (1) .k = 0;
p. x = RoadPts (1) .x;
p. y = RoadPts (1) .y;
p. k = 0;
% * * * * * * * * * *计算道路主点里程* * * * * * * * * * *
for i = 2: n
    dist = sqrt ( (RoadPts (i) .x - p. x) ^2 + (RoadPts (i) .y - p. y) ^2);
    RoadPts (i) .k = p. k + dist;
    if i = = n
        break;
    end
    RoadPts (i) .keypts (1) .k = RoadPts (i) .k - RoadPts (i) .T;
    RoadPts (i) .keypts (2) .k = RoadPts (i) .keypts (1) .k + RoadPts (i) .ls;
    RoadPts (i) .QZ. k = RoadPts (i) .keypts (1) .k + RoadPts (i) .L/2;
    RoadPts (i) .keypts (3) .k = RoadPts (i) .keypts (1) .k + RoadPts (i) .L - RoadPts
(i) .ls;
    RoadPts (i) .keypts (4) .k = RoadPts (i) .keypts (3) .k + RoadPts (i) .ls;
    p = RoadPts (i) .keypts (4);
end
RoadPts (n) .keypts (1) = RoadPts (2) .keypts (1);
RoadPts (n) .keypts (1) .x = RoadPts (i) .x;
RoadPts (n) .keypts (1) .y = RoadPts (i) .y;
RoadPts (n) .keypts (1) .k = RoadPts (i) .k;
% * * * * * * * * * *道路里程桩计算* * * * * * * * * * *
p1. x = RoadPts (1) .x;
p1. y = RoadPts (1) .y;
p1. k = RoadPts (1) .k;
stakes (1) = p1
```

```
stakes (1) .lab = RoadPts (1) .name;
p.lab = "";
count = 1;
interval = 10;
line = interval;
for i = 2; n
% = = = = = = = = = = =直线上的里程桩= = = = = = = = = = =
  p2 = RoadPts (i) .keypts (1);
  while line<p2.k − p1.k
      stakes (count) .x = p1.x + line * cos (azi (i − 1));
      stakes (count) .y = p1.y + line * sin (azi (i − 1));
      stakes (count) .k = p1.k + line;
      stakes (count) .lab = "Line";
      count = count + 1;
      line = line + interval;
  end
    if i = = n
      break;
  end
      str = "YQX";
% = = = = = = = = = = =曲线上的里程桩= = = = = = = = = = =
line = line − (p2.k − p1.k);
if RoadPts (i) .ls~ = 0
  % − − − − − − − − − −第一曲线− − − − − − − − − −
      str = "HQX";
      stakes (count) = RoadPts (i) .keypts (1);
      stakes (count) .lab = str;
      count = count + 1;
      while line<RoadPts (i) .ls
        p.x = line − power (line, 5) /RoadPts (i) .R/RoadPts (i) .R/RoadPts (i) .ls/
RoadPts (i) .ls/40;                p.y = power (line, 3) /RoadPts (i) .R/RoadPts (i) .ls/
5 − power (line, 7) /power (RoadPts (i) .R, 3) /power (RoadPts (i) .ls, 3) /336;
          p.y = p.y * sign (RoadPts (i) .alpha);
          stakes (count) = Rotate (RoadPts (i) .keypts (1), p, azi (i − 1));
```

```
            stakes (count) . k = RoadPts (i) . keypts (1) . k + line;
            stakes (count) . lab = str;
            line = line + interval;
            count = count + 1;
        end
    end
%  - - - - - - - - - -圆弧部分- - - - - - - - - - -
    stakes (count) = RoadPts (i) . keypts (2);
    stakes (count) . lab = str;
    count = count + 1;
    while line<RoadPts (i) . L - RoadPts (i) . ls
        a = RoadPts (i) . L/2;
        if (line - a) * (line - interval - a) <0
            stakes (count) . x = RoadPts (i) . QZ. x;
            stakes (count) . y = RoadPts (i) . QZ. y;
            stakes (count) . k = RoadPts (i) . QZ. k;
            stakes (count) . lab = str;
            count = count + 1;
        end
        a = (line - RoadPts (i) . ls) /RoadPts (i) . R + RoadPts (i) . beta0;
        p. x = RoadPts (i) . R * sin (a) + RoadPts (i). m;
        p. y = RoadPts (i) . R * (1 - cos (a)) + RoadPts (i) . p;
        p. y = p. y * sign (RoadPts (i) . alpha);
        stakes (count) = Rotate (RoadPts (i) . keypts (1), p, azi (i - 1));
        stakes (count) . k = RoadPts (i) . keypts (1) . k + line;
        stakes (count) . lab = str;
        line = line + interval;
        count = count + 1;
    end
    stakes (count) = RoadPts (i) . keypts (3);
    stakes (count) . lab = str;
    count = count + 1;
    if RoadPts (i) . ls~ = 0
        line = RoadPts (i) . L - line;
```

```
%  - - - - - - - - - -第二曲线- - - - - - - - - - -
        while line>0
  p. x = line - power (line, 5) /RoadPts (i) .R/RoadPts (i) .R/RoadPts (i) .ls/RoadPts
  (i) .ls/40;                    p. y = power (line, 3) /RoadPts (i) .R/RoadPts (i) .ls/5 -
  power (line, 7) /power (RoadPts (i) .R, 3) /power (RoadPts (i) .ls, 3) /336;
            p. y = - p. y * sign (RoadPts (i) .alpha);
            stakes (count) = Rotate (RoadPts (i) .keypts (4), p, azi (i) + pi);
            stakes (count) .k = RoadPts (i) .keypts (4) .k - line;
            stakes (count) .lab = str;
            line = line - interval;
            count = count + 1;
        end
        stakes (count) = RoadPts (i) .keypts (4);
        stakes (count) .lab = str;
        count = count + 1;
        line = - line;
    else
        line = line - RoadPts (i) .L;
    end
    p1 = RoadPts (i) .keypts (4);
end
% = = = = = = = = = =里程桩命名 = = = = = = = = = = =
  for i = 1: length (stakes)
      stakes (i) .name = strcat ("Stake", num2str (i));
  end
```

六、上交成果

实验结束后将实验报告以个人为单位装订成册并上交。

第 4 章　测绘程序设计实验报告

实验 1　单水准线路高程近似平差计算

姓名＿＿＿＿＿＿学号＿＿＿＿＿＿班级＿＿＿＿＿＿指导教师＿＿＿＿＿＿日期＿＿＿＿＿＿

［实验性质］

［目的和要求］

［程序设计思路］

［主要代码］（单独打印）

［运行结果截图］（单独打印）

［体会及建议］

［教师评语］

实验 2　水准网严密平差计算

姓名_____学号_____班级_____指导教师_____日期_____

[实验性质]

[目的和要求]

[程序设计思路]

[主要代码]（单独打印）

[运行结果截图]（单独打印）

[体会及建议]

[教师评语]

实验 3　单导线平面坐标近似平差计算

姓名＿＿＿＿＿学号＿＿＿＿＿班级＿＿＿＿＿指导教师＿＿＿＿＿日期＿＿＿＿＿

［实验性质］

［目的和要求］

［程序设计思路］

［主要代码］（单独打印）

［运行结果截图］（单独打印）

［体会及建议］

［教师评语］

实验 4　观测历元卫星瞬时坐标的计算

姓名＿＿＿＿＿学号＿＿＿＿＿班级＿＿＿＿＿指导教师＿＿＿＿＿日期＿＿＿＿＿

［实验性质］

［目的和要求］

［程序设计思路］

［主要代码］（单独打印）

［运行结果截图］（单独打印）

［体会及建议］

［教师评语］

实验 5　GNSS 单点定位

姓名_____学号_____班级_____指导教师_____日期_____

［实验性质］

［目的和要求］

［程序设计思路］

［主要代码］（单独打印）

［运行结果截图］（单独打印）

［体会及建议］

［教师评语］

实验 6 双像空间前方交会

姓名_____学号_____班级_____指导教师_____日期_____

[实验性质]

[目的和要求]

[程序设计思路]

[主要代码]（单独打印）

[运行结果截图]（单独打印）

[体会及建议]

[教师评语]

实验 7　工程测量纵断面、横断面计算

姓名_____学号_____班级_____指导教师_____日期_____

[实验性质]

[目的和要求]

[程序设计思路]

[主要代码]（单独打印）

[运行结果截图]（单独打印）

[体会及建议]

[教师评语]

实验 8 高斯投影程序

姓名_____学号_____班级_____指导教师_____日期_____

［实验性质］

［目的和要求］

［程序设计思路］

［主要代码］（单独打印）

［运行结果截图］（单独打印）

［体会及建议］

［教师评语］

实验 9 遥感图像平滑与锐化程序

姓名_____学号_____班级_____指导教师_____日期_____

[实验性质]

[目的和要求]

[程序设计思路]

[主要代码]（单独打印）

[运行结果截图]（单独打印）

[体会及建议]

[教师评语]

实验 10 遥感图像直方图均衡化程序

姓名_____学号_____班级_____指导教师_____日期_____

［实验性质］

［目的和要求］

［程序设计思路］

［主要代码］（单独打印）

［运行结果截图］（单独打印）

［体会及建议］

［教师评语］

实验 11　生成凸包多边形

姓名_____学号_____班级_____指导教师_____日期_____

［实验性质］

［目的和要求］

［程序设计思路］

［主要代码］（单独打印）

［运行结果截图］（单独打印）

［体会及建议］

［教师评语］

实验 12　离散点体积计算

姓名_____学号_____班级_____指导教师_____日期_____

［实验性质］

［目的和要求］

［程序设计思路］

［主要代码］（单独打印）

［运行结果截图］（单独打印）

［体会及建议］

［教师评语］

实验 13　道路曲线要素计算

姓名_____学号_____班级_____指导教师_____日期_____

［实验性质］

［目的和要求］

［程序设计思路］

［主要代码］（单独打印）

［运行结果截图］（单独打印）

［体会及建议］

［教师评语］

参 考 文 献

［1］WUNSCH A D. A MatLab® Companion to Complex Variables ［M］. BOCA RATON：CRC Press，2018.

［2］KNIGHT A. Basics of MATLAB and Beyond ［M］. Boca Raton：CRC Press，2019.

［3］DUFFY D G. Advanced Engineering Mathematics with MATLAB ［M］. Boca Raton：CRC Press，2021.

［4］HARTFIEL D J. Matrix Theory and Applications with MATLAB ［M］. Boca Raton：CRC Press，2017.

［5］安民军. Matlab＋Excel 在计量工作中的应用 ［J］. 品牌与标准化，2022（5）：35 - 37.

［6］陈明，郑彩云，张铮. Matlab 函数和实例速查手册 ［M］. 北京：人民邮电出版社，2014.

［7］李根强. MATLAB 及 Mathematica 软件应用. ［M］. 北京：人民邮电出版社，2016.

［8］李宏艳，郭志强，李清华. 数学实验：MATLAB 版 ［M］. 北京：清华大学出版社，2015.

［9］刘帅奇，李会雅，赵杰. MATLAB 程序设计基础与应用 ［M］. 北京：清华大学出版社，2016.

［10］王科平. 数字图像处理 MATLAB 版 ［M］. 北京：机械工业出版社，2015.

［11］王震. MATLAB 软件辅助高等数学教学的探讨 ［J］. 科技风，2022（25）：93 - 95.

［12］温正. 精通 MATLAB 科学计算 ［M］. 北京：清华大学出版社，2015.

［13］温正，丁伟．MATLAB 应用教程［M］．北京：清华大学出版社，2016.

［14］于广艳，吴和静．MATLAB 简明实例教程［M］．南京：东南大学出版社，2016.

［15］张磊，郭莲英，丛滨．MATLAB 实用教程［M］．2 版．北京：人民邮电出版社，2014.

［16］周瀛．MATLAB 在数学建模中的应用［J］．科学技术创新，2022（22）：9-12.

［17］武汉大学测绘学院测量平差学科组．误差理论与测量平差基础［M］．3 版．武汉：武汉大学出版社，2014.

［18］姚连璧，周小平．基于 MATLAB 的控制网平差程序设计［M］．上海：同济大学出版社，2006.

［19］李英冰．测绘程序设计（上册）［M］．武汉：武汉大学出版社，2019.

［20］李英冰．测绘程序设计（下册）［M］．武汉：武汉大学出版社，2020.

［21］张晓明，周克勤．测量学［M］．2 版．合肥：合肥工业大学出版社，2013.

［22］程效军，鲍峰，顾孝烈．测量学［M］．5 版．上海：同济大学出版社，2016.

［23］王坚．卫星导航定位原理［M］．北京：测绘出版社，2017.

［24］贾永红．数字图像处理［M］．3 版．武汉：武汉大学出版社，2015.

［25］冈萨雷斯，伍兹．数字图像处理［M］．阮秋琦，阮宇智，译．4 版．北京：电子工业出版社，2020.

［26］潘正风，程效军，成枢，等．数字测图原理与方法［M］．2 版．武汉：武汉大学出版社，2011.

［27］吕翠华．VB 语言与测量程序设计［M］．北京：测绘出版社，2013.

［28］宋立杰，测量平差程序设计［M］．北京：国防工业出版社，2009.

［29］李征航，黄劲松．CPS 测量与数据处理［M］．3 版．武汉：武汉大学出版社，2016.

［30］朱文伟．Visual C++2013 从入门到精通［M］．北京：清华大学出版社，2017.

［31］黄维通，解辉．Visual C++面向对象与可视化程序设计［M］．4 版．

北京：高等教育出版社，2016.

[32] 彭玉华，黄薇，刘艳 . Visual C＋＋程序设计教程［M］. 武汉：华中科技大学出版社，2018.

[33] 杨东霞，孟瑞军，赵彦 . Visual C＋＋. NET 案例设计教程［M］. 北京：北京理工大学出版社，2016.

[34] 吴克力 . C＋＋面向对象程序设计：基于 Visual C＋＋2010［M］. 北京：清华大学出版社，2010.

[35] 仇谷烽，张京，曹黎明 . 基于 Visual C＋＋的 MFC 编程［M］. 北京：清华大学出版社，2015.

[36] 霍顿 . Visual C＋＋2010 入门经典［M］. 苏正，李文娟，译.5 版 . 北京：清华大学出版社，2010.

[37] 刘冰，张林，蒋贵全 . Visual C＋＋2010 程序设计案例教程［M］. 北京：机械工业出版社，2012.

[38] 刘海波，沈晶，岳振勋 . Visual C＋＋数字图像处理技术详解［M］.2 版 . 北京：机械工业出版社，2014.

[39] 孙鑫 . VC＋＋深入详解［M］. 修订版 . 北京：电子工业出版社，2012.

[40] 宋力杰 . 测量平差程序设计［M］. 北京：国防工业出版社，2009.

[41] 李建章，陈海鹰，纪凤仙，等 . 测量数据处理程序设计［M］. 北京：国防工业出版社，2012.

[42] 佟彪 . VB 语言与测量程序设计［M］. 北京：中国电力出版社，2013.

[43] 李玉宝，莫才健，兰纪昀，等 . 测量平差程序设计［M］.2 版 . 成都：西南交通大学出版社，2017.

[44] 戴吾蛟，王中伟，范冲 . 测绘程序设计基础（VC＋＋.net 版）［M］. 长沙：中南大学出版社，2014.

[45] 程效军，鲍峰，顾孝烈 . 测量学［M］.5 版 . 上海：同济大学出版社，2016.

[46] 吕志平，乔书波 . 大地测量学基础［M］.2 版 . 北京：测绘出版社，2016.

[47] 潘正风，程效军，成枢，等 . 数字地形测量学［M］. 武汉：武汉大学出版社，2015.

［48］孔祥元，郭际明，刘宗泉．大地测量学基础［M］．2 版．武汉：武汉大学出版社，2010.

［49］付英杰．基于道路平面线形模型的低精度 GPS 轨迹路网提取与优化研究［D］．西安：长安大学，2021.

［50］宋轩彬，韩芬．基于 VB 在 EXCEL 中程序开发对道路曲线测设的应用［J］．中国高新技术企业，2013（9）：50 - 51.

［51］李全信，叶刚．城市道路相交处红线的定位计算［J］．勘察科学技术，2008（1）：33 - 36.

［52］赵娜娜．基于支漳河治理的工程测量设计［J］．北京测绘，2014（4）：116 - 119＋125.

［53］李振．浅谈渠道测量工作的内容和方法［J］．黑龙江科技信息，2009（19）：67.

［54］龚乐群，张文山，刘丹．CASS 软件在工程测量中的使用［J］．测绘与空间地理信息，2006（4）：115 - 117.

［55］李忠美，边少锋，瞿勇．多像空间前方交会的抗差总体最小二乘估计［J］．测绘学报，2017，46（5）：593 - 604.

［56］吴晓燕，白志刚，刘敏，等．基于 GPS/INS 数据的多像空间前方交会［J］．矿山测量，2009（1）：53 - 56.

［57］中国工程教育专业认证协会．工程教育认证标准：T/CEEAA 001—2022［S］．北京：中国标准出版社，2022.

［58］王坚．卫星定位原理与应用［M］．北京：测绘出版社，2023.